はじめに

同じ民族同士の争いとなった朝鮮戦争（1950～1953年）後、荒廃した祖国の再建に向けて、日本の近代化の経済システムを取り入れたとされる故李炳喆（イ・ビョンチョル）サムスングループ創業者。日本植民地時代の1930年代に留学した李氏は、明治維新以降の日本の近代化過程を強烈に体得し、それを韓国に移植したのが韓国財閥の源流といえます。李氏朝鮮時代は、まるで理想郷のような「儒教文化」が根強く、日本の士農工商という階級をなぞらえるかのように、いは他と比較して軽視された時代でありました。「両班（ヤンバン、朝鮮の貴族）なら餓死はしも物乞いはしない」とは、高潔な朝鮮ヤンバンの面子を重んじる代表的な諺です。つまり、農耕心的社会であり、商売はあまり奨励されない職業でした。冷静に言い換えると、実利とはかけ離た理想的な社会を追求したのであります。

そうした朝鮮社会は、19世紀に欧米からの産業革命と民主化のうねりを徹底的に排斥し、鎖国通した朝鮮王朝の延命に固執しました。その結果、近代化の遅れを招いた歴史的な負の連鎖に強られることになります。韓国財閥の代名詞格でもあるサムスンは、創業者の時代からそうした非実利的な社会を改革すべく、ひたすら「豊かになろうよ」というスローガンのもと、「富国強兵」「技術報国（技術を通して国の恩に報いる）」などといった覚悟で国家政策とともに豊かな国造りに貢献してきました。そうしたサムスンに「果たして誰が石を投げられるのだろうか」という、筆者の幼い時からの根深い疑問が本書を執筆した背景であります。

２０２３年通年における韓国のＧＤＰ（国内総生産）２２３６兆ウォンのうち、サムスンやＳＫをはじめとする20大財閥企業の総売上高は、ＧＤＰ全体の72・7％に相当する１６２５兆ウォン（約１８０兆円）となりました。財閥企業の範囲を30社まで拡大するとＧＤＰの80％を占めており、韓国経済において絶対的な影響力を誇っていることがうかがえます。このような絶対性こそ、韓国社会が「財閥共和国」と皮肉られる背景でもあります。

「大韓民国は民主共和国だ」（憲法第1条1項）。

これは、韓国の存在の本質やアイデンティティーを表す言葉であります。ここにある民主とは「国民が国家の主人」という意味であるはずですが、２０００年代に韓国では民主の代わりに財閥が入り、「大韓民国は財閥共和国だ」という皮肉が流行したことがあります。この時期には、財閥オーナー一族の不正腐敗や不法行為が横行しました。しかし、そうした理不尽なことを捜査・牽制するべき司法やマスコミは、むしろ財閥に有利な状況を作り、その結果として、社会的な価値や正義、そして市場経済体制が崩れ、２０００年代はまさに「財閥共和国」の時代となりました。

韓国の財閥やオーナー一族が、民主的な統制を受けない存在となってしまった要因は、財閥企業に経済が集中したことにあります。特定の人物や特定のグループが韓国経済の多くをコントロールしたことから、その経済力を用いて、政治、行政、司法、言論、学界などの有力者にも力を及ぼし、財閥にとって有利な内容を国家の政策に反映させていきました。韓国財閥の形成過程をみると、１９６０年代以降、「漢江（ハンガン）の奇跡」といわれる驚異的な経済発展を遂げた朴正熙（パク・チョンヒ）大統領の体制下で、政府主導と財閥中心の体制が形づくられていったのです。

この時期、朴正熙大統領は、輸出実績が高い企業に特別な恩恵を与える体系を作りました。１９６０年代の韓国は内需が小さく、経済の発展には輸出の拡大が必須でした。そのため政府主導と財閥中心の体制も、必然的に輸出主導型の工業化戦略をもとに構築されました。当然ながら、輸出の拡大では世界の企業とグローバルに戦っていかなければならず、韓国企業は組織や経営の効率化、技術力を強化するためのＲ＆Ｄ（研究開発）の拡充などに取り組むこととなり、財閥に特別な恩恵を与えるという施策は、韓国企業の成長に大きなプラス要素をもたらすことにつながっていきます。

１９４５年の終戦後、朝鮮半島に展開していた日系企業に帰属する財産の譲渡と、米国を中心とする海外からの援助も、韓国財閥へのシードマネーとなりました。例えば、１９８７年における韓国財閥トップ10のうち、大宇グループを除く9社が１９５０年代半ば時点で一定規模の事業体制を構築していました。１９８０年代にサムスン創業者のイ・ビョンチョル氏が「ドン（韓国語の発音で銭の意味）・ビョンチョル」と呼ばれたのは、当時の財閥に対する認識を赤裸々に表す言葉と言わざるを得ません。

そこで本書『韓国財閥の功罪』は、財閥の胎動、韓国経済における功績、世界経済における位置づけなどを分析しました。そしてまた、財閥の汚点もくまなく取り上げ、客観的な観点から分析しました。さらに今後、韓国財閥が韓国経済ならびにグローバル経済でどう生き抜いていくかなどについても追いました。

産業タイムズ社ソウル支局では、これからも韓国経済、なかでも半導体をはじめ、ＦＰＤ（Flat Panel Display）、ＡＩ、ＩｏＴ、次世代エコカーなどといった先端分野の国家プロジェクトや企業の取り組みなどを最前線で報道し続けていく所存です。読者諸賢のご批判、ご叱正、ご助言などをお願い申し上げます。

２０２４年12月吉日　ソウルより

株式会社産業タイムズ社　ソウル支局長　　嚴　在漢（オム　ジェハン）

目次

第3章　韓国財閥　快進撃の功績

第5章　韓国財閥の未来像

第１章

韓国財閥の胎動

■韓国財閥は60年代に本格化、30大財閥がGDPの80％強を占有

財閥は、韓国語でジェボル（Ｊａｅｂｏｌ）といい、その定義は「一族の独占的出資による資本を中心に結合した経営形態」となっている。日本における財閥は、１９００年前後に使われ始めた造語で、当初は同郷の富豪を指したようだ。明治末期には同郷に限らず一般に富豪の一族を意味するようになったが、戦後のＧＨＱ軍政下で解体された。一方、韓国の財閥は朝鮮戦争（１９５０〜１９５３年）休戦後の瓦礫の廃虚から国家再建の過程で始まり、１９６０年代初頭から当時の故朴正熙（パク・チョンヒ）大統領（１９１７〜１９７９年没）により本格化した。

朴正熙氏に対する評価は、肯定と否定が極端に分かれている。朝鮮戦争後、貧しい国家を再建し、経済富国に浮上する基盤を整えたという肯定的な評価と、長期的な軍事独裁政権を築き、部下に暗殺されたという否定的な評価が拮抗している。筆者が小学生だった１９６０年代後半、夏休みの課題として村周辺の草を刈って堆肥を作り、学校に提出したり、登校時に列を作り、村の小学生全員で一斉に校門を通過したりするなど、「豊かになろうよ」とのスローガンのもと、小学生をも含めた「軍事・経済の国民総動員」の記憶は、韓国の人々にとって、いまだに生々しい。そうした軍事独裁政権の計画経済により、韓国の経済発展は始まり、財閥の形成も本格化した。

朴氏を巡る政治的な功罪はさておいて、経済的な論争を分析してみると、同氏を支持する人々は

朴氏の最大の功績として経済発展を挙げ、この経済発展で韓国は前近代的な農業国家から近代的な産業国家へと変貌できたと主張する。一方、そうした主張に対する反論も少なくない。朴政権の圧縮的な高度成長は量的成長ばかりを追い、結果、質的側面は決して望ましくなかったというものだ。否定的な側面から分析した『朴正熙の素顔』という書籍では、朴氏の経済神話の影の側面について詳しく分析している。韓国の進歩陣営学者は「朴正熙の経済政策は良かったという韓国社会に幅広く通用している常識は、いままで一度も正しく検証されなかった一種の神話に過ぎない」と指摘する。つまりは、朴氏の神話の裏面には様々な経済問題、例えば、財閥中心の経済構造をはじめ、物価や地価の高騰、官治金融、労働搾取といった問題が存在したが、「そうした国民の犠牲のもとで成し遂げた量的な成長を、果たして正当化できるのか」とする。とりわけ、財閥中心の経済構造は、60年が経った今も韓国社会における最大のジレンマとなっている。

一方、朴氏の評価を見直すべきと主張する側は「昨今の時代は朴正熙に対する歪曲が充満している」という。政経癒着（財閥中心の経済システム）や軍事文化、労働搾取や長期独裁政権、親日売国（朴氏は１９４４年に日本陸軍士官学校を卒業、将校となり、日本名は高木正雄であった）などがそうした歪曲の具体例であり、これは根拠が薄弱な誹謗中傷に過ぎないと強弁する。

朴氏が経済成長を通して、政治的な正当性を得ようとした「産業化の政治」について分析してみると、1961年に発生した朴正熙を中心とする軍事クーデターの直後は、クーデター軍部内では国家主導型の経済開発論者らが経済政策の決定過程で主導的な影響力を持っていた。彼らの大半は財閥に対して批判的であり、主要産業の国有化と絡む工業化を通した自立経済の確立を経済政策の基本目標と定めた。

しかし、通貨改革（1962年6月）の失敗以降、彼らの急進的な経済哲学は次第に色褪せていく。とりわけ、彼らは米国との関係が弱く、米国と親密な関係を維持している専門官僚らが有利な立場を築いていった。その結果、対外志向的に企業家集団、新人エリート、官僚集団、そして米国の経済顧問団に構成された「実用主義的3者連合」が頭角を現した。実用主義的3者連合の集中的な努力の結果、産業化の戦略が輸出志向的な概念に変化した。1960年代半ばから産業化の一環として、輸出志向的な産業化を選択したことは、1970年代に起きた重化学工業化への産業化戦略につながっていく。肯定的であれ否定的であれ、朴正熙時代は韓国資本主義の原型が作られた時期だ。その時代を理解せずに韓国の産業化、財閥化を論じるのは意味がない。その時代の遺産が必ずしも肯定的な意味を持つとは限らない。

朴氏の長女である朴槿恵（パク・クネ）元大統領は、父親の栄光と名声を持続させたいという一念で大統領になった。そして最も危険な財閥との関わりを意図的かつ極力避けた。それまでの政権

韓国20大財閥の売上高（2024年基準）

（単位:10億ウォン）

順位	グループ名	系列会社数	資産総額	売上高	純損益
1	サムスン	63	566,822	358,916	43,507
2	SK	219	334,360	200,962	659
3	現代自	70	281,360	285,234	20,515
4	LG	60	177,903	135,401	2,141
5	ポスコ	47	136,965	93,661	2,597
6	ロッテ	96	129,829	67,651	1,176
7	ハンファ	108	112,463	72,664	1,943
8	HD現代（旧現代重工業）	29	84,792	70,764	2,393
9	GS	99	80,824	84,338	3,372
10	農協	54	78,459	55,626	3,577
11	新世界	53	62,051	36,609	659
12	KT	48	46,859	32,087	1,141
13	CJ	73	39,854	31,174	840
14	ハンジン	34	39,092	19,722	1,323
15	カカオ	128	35,127	11,442	-1,601
16	LS	67	31,965	34,568	1,189
17	斗山	22	26,960	10,370	241
18	DL	45	26,769	12,956	480
19	セルトリオン	8	25,696	2,825	937
20	HMM	5	25,508	8,308	977
合計		1,328	2,343,658	1,625,278	88,066

※順位は公定資産（財閥系列会社の資産総額と金融系列会社の資本総額を合わせたもの）の順、資産と業績は23年末基準。　（出典：ジェボルドットコム）

の大半は、財閥との政経癒着で失敗したことを熟知していたためだ。

しかし、2015年5月、朴槿恵元大統領は、サムスン電子の平澤半導体工場の起工式に、「国家経済に活力を取り戻すため」との名目で参加した。そして、この出来事こそ、朴槿恵氏が2016年12月に大統領職を弾劾される端緒となった。この背景には、朴槿恵氏と40年間にわたる交友関係を持つ崔順実（チェ・スンシル、2014年にソウォンに改名、現在は収監

1975年ごろの朴正熙氏（右）と朴槿恵氏

中）氏がいる。崔氏は、いかなる公職にも付いていなかったが、韓国の政治、経済、文化、外交分野まで、陰の権力者として関与し、国政を壟断した。そして朴槿恵氏の大統領職を利用し、サムスンや現代グループなど5大財閥のオーナーから莫大な金銭を集めて着服していた。そうしたなか、２０１６年11月に朴槿恵退陣を叫ぶ広範囲なデモが起こり、朴槿恵氏は崔氏との関係を認め、「困ったときに色々助けてくれた。大統領の演説文なども助言してくれた」と述べた。

崔氏は２０１６年9月にドイツへ逃亡したが、同年10月に英国経由で帰国し、同年10月31日に検察に出頭した。ちなみに、崔氏は産経新聞前ソウル支局長が国政関与の疑惑を指摘していたチョン・ユンフェ氏の元妻でもある。崔氏は大統領公文書の校正や改竄を行ったほか、スポーツ関連の財団法人を利用し、サムスンやロッテグループなど財閥から７７４億ウォン（約86億円）の資金を強制的に募金させて着服。募金活動は大統領府の首席補佐官などが財閥に強要したものであり、事態の深刻度合は想像を絶するものであった。そうして、朴槿恵氏が参加したサムスン半導体工場起工式は前代未聞の「大統領弾劾」へとつながっていく。

■財閥の形成過程に日本の痕跡、借款8億ドルがシードマネーに

１９６５年６月、日本の植民地支配から独立して20年ぶりに、日韓は国交正常化を締結する。国交樹立の４項目の協定およびそれに伴う付属文書に両国はサイン。この協定には「植民地時代の請求権」を解決する代わりに、対日請求権資金の無償（３億ドル）、有償（２億ドル）、商業借款（３億ドル）など合計８億ドルを日本から借款の形態で得る。１９６５年当時の為替（１ドル２７０ウォン）で８億ドルは約２１６０億ウォン。諸事情を勘案して２０１４年基準では７兆７９００億ウォン（約８６５５億円）になるという。また、当時の韓国政府予算（２４７３億ウォン）の87・３％に相当する。当時の日韓国交正常化の交渉は14年間を要した。

朝鮮戦争（１９５０～１９５３年）の瓦礫の中からの再建に燃える朴正熙（パク・チョンヒ）大統領。その背景は、冷戦時代における反共という米国の要求が反映された結果であろう。日本からの借款８億ドルは、韓国経済復興のシードマネーになったと言わざるを得ない。日韓国交正常化から59年間で、日韓往来の訪問者数は年間１万人から１０００万人強へ、交易規模は２億ドルから

1000億ドルと大きく増えた。韓国民族問題研究所が朴槿恵（パク・クネ）政権下の2015年12月に公開した文書によれば、日韓国交正常化の過程において、裏取引と関連した一連の文書が発掘された。同文書はNARA（米国国立公文書館）所蔵の文書で、1965年の日韓国交正常化の締結前後に展開された日米韓3国間の秘密協議過程、不法政治資金の収受、領土問題など衝撃的な内容が盛り込まれている。文書は主に米CIA（中央情報局）の情報報告および駐日・駐韓の米大使館と米国国務省との電文をはじめ、駐韓米国大使館の文書や米NSC（国家安全保障会議）文書などで構成されている。これらの文書は1993年に秘密解除に分類されて一般人の閲覧が可能になった。しかし、文書の一部は依然として非公開にされていることから、外交関係上の致命的な事案が多く残っていることを示唆する。

そのうち、ごく一部を紹介すると、『日韓関係の未来』という1966年3月18日付の米CIAの特別レポートがある。「日本企業らは1961～1963年の間、当時の民主共和党総予算の3分の2を提供したが、各企業の支援金額はそれぞれ100万ドルから2000万ドルに達し、6つの大手企業が合計6600万ドルを支援した」というものだ。また、民主共和党は日本で事業中の韓国系企業からも資金を募った。これは当時の韓国政府放出米6万tを日本に輸出する過程に介入した8つの韓国系企業が民主共和党に11万5000ドルを提供したとされている。

韓国民族問題研究所は「米ＣＩＡ情報報告の信頼度を勘案すると、そうした内容は事実と符合する」と評価する。また「朴正熙（パク・チョンヒ）政権は日韓国交正常化以前から敵対関係である日本企業の資金を土台に樹立し、そうした一連の裏取引で日韓国交正常化が締結された」（韓国民族問題研究所）とも主張し、日本企業は朴正熙氏が軍事クーデターを起こした１９６１年から日韓国交樹立の１９６５年まで持続的に民主共和党に政治資金を提供したことが明らかになっている。

日韓国交正常化の交渉を総括した金鍾泌（キム・ジョンピル）氏は、２０１８年に92歳で亡くなるまで、その裏取引の真相を明かさずに墓まで持っていってしまった。金氏は朴正熙氏の姪婿で、朴正熙政権下で国務総理と民主共和党総裁などを務めた。朴正熙氏は軍事クーデターの１９６１年以降、自ら国家再建最高会議（１９６１〜１９６３年）の議長となり経済復興に取り組む過程で、日本からの借款８億ドルと日韓企業からの〝種の〟寄付〟を活用した。韓国財閥10大企業をみると、１９６０年当時のトップは三星グループ（現サムスン）であり、大半は繊維とセメント、建設などが主力事業だ。そうした財閥のうち、現在も残る企業は三星と金星（現ＬＧ）しかない。前述の韓国政府放出米の日本輸出に介入した韓国系企業８社のうち、１９６０年代の大手財閥系企業が含まれている可能性もある。朴正熙氏は経済復興を進める際に、財閥らに基幹産業に対する土地やインフラを払い下げの方法で支援した。また、金融や税制支援も惜しまなかった。最も象徴的なのは、浦項製鉄（現ポスコ）だ。ポスコは現在、韓国財閥第5位にランクし年商100兆ウォン（約11兆円）を突破。粗鋼事業を主力としつつ、最近はリチウムイオン電池向け材料事業など幅広いビジネスを手がけている。

ポスコ創立者の朴泰俊（パク・テジュン、1927～2011年没）は、1945年に早稲田大学に入学するも日本の敗戦で中退。1947年に南朝鮮警備士官学校（後の陸軍士官学校）の講義室で師匠（教官大尉・朴正熙）と弟子（士官生徒）の関係で初対面した。ポスコは、1965年の日韓基本条約に基づいた日本のODA（政府開発援助）などを通じた資本をベースに、1968年に朴正熙氏が朴泰俊氏に設立させた総合製鉄会社だ。

そして現在から50年前の1973年6月、韓国南東部の浦項（ポハン）市で韓国初の一貫製鉄所が稼働した。これが当時の国営浦項総合製鉄、のちのポスコの1号高炉における火入れ式であった。このあと韓国は浦項製鉄所の鋼材によって社会インフラを整えて輸出産業を興し、「漢江（ハンガン）の奇跡」と呼ばれる高度成長を推し進めた。なお、ポスコの発足時には日韓技術者の交流があり、当時の浦項製鉄所では100人ほどの日本人技術者が働いていたとされる。

朝鮮戦争で荒廃した国土再建と、北朝鮮対抗のために韓国政府は一貫製鉄所の建設計画を急いでいた。石炭と鉄鉱石に恵まれた北朝鮮では日本統治下で建設された製鉄所2カ所が稼働しており、

韓国10大財閥の概要（1960年）

順位	グループ名	系列会社数	資産総額（億ファン※）	主要系列	主力事業
1	三星	14	242	第一毛織	繊維、製糖
2	三湖	11	100	三湖紡織	繊維
3	ゲプン	6	55	大韓洋会	セメント
4	大韓製粉	5	40	大韓製粉	製粉
5	テチャン	4	38	テチャン紡織	繊維
6	大韓	6	33	大韓紡織	繊維、製糖
7	極東	4	25	極東海運	海運
8	金星	7	24	金星紡織	繊維
9	東洋	3	17	東洋製菓	製菓、セメント
10	中央	3	12	中央産業	建設

※当時の貨幣単位はファンで1962年ウォンに改革

（電子デバイス産業新聞調べ）

韓国も「鉄源」となる場所が必要だった。そこで韓国は日本からの借款で得た8億ドル（商業借款含む）のうち1億2000万ドルを製鉄所建設に割り当て、日本の富士製鉄と八幡製鉄（ともに現日本製鉄）、日本鋼管（現ＪＦＥスチール）の3社と技術支援契約を結び、念願の総合製鉄会社を立ち上げた。

1992年にポスコ創立者の朴泰俊は光陽製鉄所建設（光陽第4基炉）の完成式を終えて、ソウルにある朴正熙氏の墓の前に立ち「閣下、小生・朴泰俊、閣下の命令を受けてから25年ぶりにポスコ建設という大役を成功裏に完成し、謹んで閣下の霊前に報告します」と、まるで主君と家臣のような行動をとり、ポスコの成功神話は韓国産業化のシンボルということも強く印象づけたシーンであった。

一方で、朴正熙氏が部下に暗殺されてから政権を

1985年に発行された日韓国交正常化20周年を祝う切手は韓国国花のムクゲがデザインされている

取った故全斗煥（チョン・ドゥファン）元大統領は、１９８０年に戒厳司令官として金鍾泌氏を権力型不正蓄財者と名指し、２１６億ウォン強（現在価値約２５０億円）を没収。朴正熙氏も、日本からの借款の一部をはじめ、安保支援資金やベトナム参戦手当、財閥からの募金、１９６２年の証券市場操作の秘密資金など、数えきれないほどの天文学的な着服疑惑が見え隠れする。

ところで、韓国は前述の米ＣＩＡの公開内容と８億ドルの日本借款に対する具体的な用途を一度も調査したことはない。ＣＩＡが依然として非公開とする文書には、その詳細が赤裸々に記されているのではとの疑問を持たざるを得ない。その詳細を解明すれば、日本側が「国交正常化の交渉時に解決済み」とする日韓関係におけるぎくしゃくした歴史問題も解決できる糸口があるはずだ。

■ワニとワニチドリのような政経癒着関係ができあがる

２０２３年通期（1～12月）に連結売上高約３５８兆ウォン（約

39・7兆円）を達成、かつ傘下に系列会社63社を擁し、韓国財閥番付トップに君臨するサムスン。韓国を代表する企業であり、グローバルにもその名声を轟かせる。世界トップシェアを誇るメモリー半導体をはじめ、スマートフォン、有機ＥＬ、電池といった先端分野で強みを発揮し、韓国経済における貢献の度合いは非常に高い。

故朴正熙（パク・チョンヒ）軍事政権の経済モデルのコアともいえる政経癒着と輸出主導型の経済発展では、国家総動員で財閥を支援し、韓国経済の産業化を推し進め、〝ワニとワニチドリ〟（主にアフリカで生息するワニチドリは、ワニの歯にこびりついた食べカスをついばむことによって生きる）のような政経癒着関係ができあがる。各種の税制と為替の優遇によって現金が財閥に偏重し、その余力で系列会社を次々と拡大するシステムとなる。このシステムはサムスンだけの問題ではなく、韓国財閥の大半に適用された。

１９６１年5月に軍事クーデターで権力を掌握した朴正熙氏は「不正蓄財者の処罰」という名のもと、「大金持ちを処理する」というスローガンで国民からの支持を得ようとする。貧困に喘いでいた国民は、法律を度外視する資本家の脱税や不正蓄財などに強い怒りを覚えていたため、朴正熙氏の財閥潰しに対して拍手を送る。そして１９６１年には国家再建最高会議（議長は朴正熙氏）が「不正蓄財処理委員会」を組織し、脱税と不正蓄財の嫌疑で12人の財閥オーナーを逮捕して身柄を拘束した。

だが、世間では「財閥トップには触れないのでは」という噂が持ち上がった。サムスングループ創立会長の李秉喆（イ・ビョンチョル）氏が東京に滞在していたためだ。委員会が李氏の代わりに同業者を逮捕するなかで、李秉喆氏は「全財産を国家に献納する」と表明し、東京からソウル行きの飛行機に搭乗。汝矣島（韓国国会議事堂の場所）空港で李秉喆氏は連行された。しかし、行き先は不正蓄財者が拘束されている西大門刑務所ではなく、ソウル明洞のあるホテルであった。李秉喆氏はホテルで1泊してから翌日に朴正煕氏に会い、不正蓄財者12人の釈放を求め、経済再建のための投資と協力を見返りとして提示した。結果、拘束された12人全員が釈放され、韓国型の政経癒着のかたちが作られた。

釈放された12人は1961年8月に軍事政権との窓口となる韓国経済人協会（後の韓国経済人連合会）を立ち上げて、初代会長には李秉喆氏が就任した。李氏の長男で元サムスングループ会長の李健熙（イ・ゴンヒ）氏の実兄でもある李孟熙（イ・メンヒ、東京農業大学卒・同大学修士、米ミシガン州立大学経済学博士号取得、2015年に84歳で没）氏は、李秉喆氏の連行について「父親が東京から帰国する迎えに、当時の飛行場であった汝矣島に自動車数台を待機させた。だが、父親は革命政府の軍人らに連行されて、当時の治安局近くの明洞のホテルに向かった。警察や軍人が駐屯するところではなかったため安心感はある反面、非常に戸惑いを覚えた」と証言している。

李孟熙氏は、サムスン創業者の長男で遺産相続を巡り、弟である李健熙氏を提訴したが２０１４年に敗訴が確定。肺がんなどの持病があり中国・北京市内の病院で闘病中に亡くなった。現ＣＪグループの李在賢（イ・ジェヒョン）会長が長男だ。サムスン創業者である李秉喆氏は１９８７年に死去する前に三男の李健熙氏を後継者に指名。長男の李孟熙氏はこれに反発し、当時の第一製糖（現ＣＪ）を率いてサムスングループを離れた。

李孟熙氏は、いわゆる「サッカリン密輸事件」で父親との関係が疎遠になったといわれている。サッカリン密輸事件とは、１９６６年５月にサムスングループ系列会社の韓国肥料工業会社が日本の大手商社と共謀し、人工甘味料の一種であるサッカリン約55ｔ（２２５９袋）を建設資材と装って密輸し、販売しようとした事件だ。京郷新聞のスクープで世間に広まると、釜山税関は事後に慌ててサッカリン１０５９袋を押収し、罰金２０００万ウォンを韓国肥料工業に課した。

サムスンは韓国肥料工業の工場を建設するために、日本の大手商社から約４２００万ドル（韓国政府の支払い保証）の商業借款を利用した。サッカリン密輸を現場で指揮した李孟熙氏が明かした１９９３年発刊の『李孟熙回想録・埋もれていた物語』には、韓国肥料工業のサッカリン密輸事件は、当時の朴正熙大統領と李秉喆氏の共謀で政府機関らが積極的に加担した大規模かつ国家組織的な密輸事件だと告白している。李孟熙氏の回想録には「工場建設の過程で、日本の大手商社は4200万ドル相当を機械類の肩代わりに供給し、サムスンにリベートとして100万ドルを渡した。父親（李秉喆氏）はこの事実を朴大統領に明かした。しかし、当時の100万ドルを日本から持ってくるのは容易ではなかった。サムスンは工場建設の装備を、青瓦台（大統領府）は政治資金が必要であったため、両者は100万ドル分を膨らませる目的で密輸しようとの方向で合意した」と明かしている。

サッカリン密輸事件が国家レベルの大きな波紋を起こした理由は、まず朴正熙政権が掲げたスローガンが「旧悪一掃」、つまり腐敗の一掃であったにもかかわらず、事件で政権の矛盾が露わになったことにある。また、サムスンは当時、中央日報などを設立しメディア界に参入していたが、競争する新聞社が執拗にサムスンの不正を暴露し攻撃したことだ。そうした複合的な要素により、サッカリン密輸事件は韓国全土を巻き込む大事件となった。

なお、朴正熙氏は、サッカリン密輸事件を理由にサムスンから嶺南大学校（大邱広域市所在）を奪取した。李孟熙氏の証言が事実だとすれば、朴正熙大統領は明らかな共犯者であり、処罰されなければならないが、韓国社会では一切、罪に問われたことはなく、国家の大統領が密輸事件に共謀し、そのリベートを山分けするという悪行を繰り返したことになる。

サムスンと朴正熙氏の主な歩み（1960〜70年代）

サムスン		朴正熙氏
蔚山肥料設立	61年	5月16日軍事クーデター
全経連設立、初代会長・李秉喆	62年	第1次経済開発5カ年(62〜66年)計画の施行
東洋放送、新世界百貨店創立	63年	輸入代替の工業化で機械工業の投資拡大
韓国肥料工業設立	64年	経済開発計画の補完措置として外資導入促す
全州製紙買収、中央日報設立	65年	政策金利の現実化措置、民間資金の投資促す
嶺南大学校を朴氏に奪取される	67年	第1次経済開発5カ年計画の施行(62〜66年)
サムスン電子設立	69年	電子工業育成8カ年(1969〜76年)計画発表
サムスン電管設立(70年)	72年	経済の安定と成長に関する緊急措置で政府資金支援
サムスン重工業設立	73年	重化学工業化の宣言、金融・税制支援
サムスン石油化学設立	74年	国際収支の改善と景気活性化の特別措置
サムスン総合建設買収(78年)	79年	61〜79年長期独裁政権の末、部下の凶弾に絶命
サムスン半導体設立	80年	全斗煥氏(当時・保安司令官)の登場

(出典：韓国の国家主義的資本主義の発展方式の形成過程、サムスンの多角化過程と支配構造など)

先述のように１９６１年の軍事クーデターのあと、朴正熙氏が真っ先に取り組んだのが、不正蓄財者というレッテル貼りで財閥オーナー12人を逮捕したことだ。それまでの朴氏の思想は、一種の共産主義者のようにブルジョア階級を軽蔑していた。特に、財閥と市場経済を無視していた。だが、前述の明洞のあるホテルで李秉喆氏と会った朴正熙氏は考え方を変えていく。李秉喆氏は「ビジネス上で競争して借金を返済しつつ、雇用を増やす成功した企業家を逮捕する一方、競争に負けた不運な人物を称賛してはいけない」と朴正熙氏に語ったとされる。また、朴正熙氏が「なぜ、財閥は皆、腐敗しているのか」と問うた際に、李秉喆氏は「企業の利益すべてを納めるべく戦時体制（朝鮮戦争）の税制をそのまま維持するため」と答えたとされる。２人が会った１９６１年は朝鮮戦争の休戦協定から８年後で、李秉喆氏の資本経済論に

朴一族とサムスングループの関係は時代を越えて続いた
（写真中央が朴槿恵氏、左から２人目が李在鎔氏）

朴正煕氏が説き伏せられたとみられている。

こうしてサムスンと朴正煕は、朝鮮戦争後の荒廃した祖国と貧困に喘ぐ国民の窮状を再建する救世主として登場した。そして、朴正煕氏と李秉喆氏、全斗煥（チョン・ドゥファン）氏と李健煕氏、朴槿恵氏と李在鎔（イ・ジェヨン）氏と年代を越えて宿命的な関係は続いていく。

■腐った橋も渡ってみる、韓国経済を牽引した鄭周永氏

「君はそれをやってみたのか？」――、そう怒鳴りながら参謀の強い反対を押し切ったのは、現代グループ会長だった故鄭周永（チョン・ジュヨン、1915〜2001年没）氏だ。鄭氏は1982年に米ＩＢＭを訪問し、半導体ビジネスの参入を決心

した。その際、鄭氏の参謀の多くは半導体事業に対する様々なリスクを鑑みて、反対意見を鄭氏に述べたが、怒気を含んだ冒頭のような言葉が鄭氏から返ってきたというわけだ。

韓国経済界において「経営の神様」とも称賛される鄭氏が、半導体ビジネスを手がけようと決めた裏には、１９８２年ごろに故松下幸之助氏（パナソニックグループ創業者）と故全斗煥（チョン・ドゥファン）大統領の提言があったといわれている。そしてなにより鄭氏には、１９７０年代から韓国トップ企業の座を巡って常に競い合い、半導体ビジネスを本格的に取り組み始めたサムスン（１９８０年にサムスン半導体を設立）への強烈なライバル意識もあった。

そんな鄭氏は１９８３年に現代電子産業を設立し、半導体ビジネスをスタートさせた。しかし、１９９０年代後半における韓国のＩＭＦ金融危機と半導体不況を受け、現代電子はＬＧセミコンとの合併などを経て、２００１年にハイニックスセミコンダクターとなった。さらに、ハイニックスセミコンダクターは、２０１２年にＳＫグループよって買収され、現在のＳＫハイニックスが設立された。

結果だけみれば、半導体ビジネスへの参入は決して成功とはいえないだろう。しかし、こうした「腐った橋も渡ってみる」ともいうべき、リスクを全く恐れないビジネススタイルこそが鄭氏の最大の特徴であり、「石橋を叩いて渡る」ことが多い日本流の経営手法とは対照的といえる。半導体産業は変動が激しいにもかかわらず、大規模な投資を継続的に行う必要がある。つまりリスクを伴う判断を常に行う必要があり、鄭氏にみられるような大胆かつスピーディーな経営判断こそ、韓国の半導体産業が拡大できた理由でもある。

「やればできる」という果敢な経営術により、１９７０年代からの韓国経済における高度成長を牽引した鄭氏であるが、他の財閥でもみられたように鄭氏にも政治との関係がある。特に故朴正熙大統領と関係は深く、その関係は１９７０年に完成した京釜高速道路（ソウル～釜山間４１５㎞）の建設から始まった。

京釜高速道路の建設工事には、現代グループの現代建設をはじめ、建設会社16社が参画した。そのなかで現代建設は、最も長い区間かつ最難関の区間を担当し、京釜高速道路は１９７０～１９８０年代における経済発展の中心的な役割を果たした。この高速道路の成功によって鄭氏は朴大統領の信頼を得て関係を深めていく。

両氏に関しては有名な逸話がある。ある日、建設の陣頭指揮をとり多忙を極めていた鄭氏は、朴大統領との面談の際に居眠りをしてしまった。普通であれば大きな怒りを買うところだが、朴大統領は、目覚めた鄭氏に「建設工事で疲れている鄭社長を来させてしまい申し訳ありません」と、両手で鄭氏の片手を握りながら励ましたという。この行動に感銘を受けた鄭氏は、それ以降、工事現場で居眠りをする従業員を見かけると朴大統領の言葉を真似したという。

鄭氏は社員に対しても愛情を持って接した。それを示すのが、利川（韓国京畿道）に半導体工場が完成（１９８４年９月）した際のエピソードだ。鄭氏は、落成式パーティーを担当する幹部に、焼酎とシーバスリーガル（スコッチウイスキーの銘柄）を数百本用意することを指示。当時、利川エリアでウイスキーを大量かつ短時間で調達するのは至難の業であったが、様々なネットワークを活用して、範囲内にある飲み屋のシーバスリーガルをすべて集めたという。そして、鄭氏は「打倒サムスン」の思いを胸に、半導体工場の完成に対する喜びを全社員と分かち合った。

現代グループのライバルであるサムスングループの創設者は、比較的裕福な家庭の出身である。一方、鄭氏は北朝鮮領内の貧農の家庭に生まれ、小学校を卒業したあと、親の農業を手助けするかたわら、密かに牛を売った金を持って家出し、ソウルで起業した立志伝中の人物だ。１９４７年に設立した現代土建社がグループの始まりであり、１９５０年に現代自動車工業社と合併し現代建設を発足させた。

植民地支配や朝鮮戦争を経験し、多くの企業が盛衰興亡するなか、鄭氏は現代建設を中心に米軍や韓国政府からプロジェクトを受注し、グループを拡大。そして、朴正熙（パク・チョンヒ）政権時の１９６７年に現代自動車（蔚山市）、１９７２年に現代造船重工業（蔚山市）を設立し、韓国を代表する財閥グループへとのし上がっていく。現代グループの牙城ともいえる蔚山は韓国最大の工業都市となり、1997年に蔚山広域市へ昇格して以降、2022年までの25年間、1人あたりのGRDP（地域内総生産額）は韓国でトップの座を維持し、2022年における1人あたりGRDPは6020万ウォン（約669万円）を誇る。また、現代自動車に作業用の軍手を納める零細企業でも年間売上高は日本円で2億円程度あり、経営者の家庭だけでなく、従業員の家庭の生活水準も高いことから、蔚山地域における現代グループへの感謝や尊敬の念は非常に強く、現代グループを中心とした企業網（機械、部品、材料産業など）も構築されていることから、蔚山は「現代（ヒョンデ）共和国」ともいわれる。

鄭氏は「マンションの建設コストを画期的に減らし、半値価格で分譲する」というスローガンを掲げ、1992年に韓国大統領選にも出馬した。しかし、金泳三元大統領（1929〜2015年没）に惨敗した。なお、鄭氏が大統領選に出馬した本当の理由は、それまでの政権に搾取されてきた金銭をこれ以上奪われないために、自らが大統領になることを目指したといわれている。現代グループの全従業員、家族、下請け企業や関連企業の家族などを総動員することで、数百万人の支持が得られると考えたかもしれないが、目論見どおりには進まなかった。しかし、リスクを全く恐れないビジネススタイルを貫いた鄭氏にとっては、こうした敗北も次の成功に向けた糧にする―、そ

韓国財閥の売上高ランキング

順位	1972年	1979年	1987年	1994年
1	三星	現代	現代	三星
2	金星	金星	三星	現代
3	韓進	三星	金星	LG
4	シンジン	大宇	大宇	大宇
5	双龍	暁星	鮮京	鮮京
6	現代	国際	双龍	双龍
7	大韓	韓進	韓火	韓進
8	韓火	双龍	韓進	キア自
9	極東海運	韓火	暁星	ロッテ
10	大農	鮮京	ロッテ	韓火

※金星＝LG、韓進＝大韓航空、韓火＝ハンファ、鮮京＝SK
（出典：韓国財閥史）

う思われていた。

だが、大統領選に敗れた鄭氏は、政治的報復などを受け、現代グループも次世代（次男の夢九氏と五男の夢憲氏）による経営体制に移っていく。また、韓国のＩＭＦ金融危機（１９９７年12月）で現代グループの多くの系列会社が危機に瀕していった。そんななか、鄭氏は１００１頭の牛を連れて板門店を越えて北朝鮮に渡り、現代グループの金剛山（北朝鮮領・江原道）観光事業を１９９８年からスタートさせる。牛を売った資金で成功の階段を上り始めた鄭氏を象徴する取り組みともいえる。しかし、そうしたなか夢九氏と夢憲氏の経営権争いが起こり、混乱のなか鄭氏は２００１年に波乱の生涯の幕を閉じた。

韓国財閥の歴史において現代グループのように次世代への承継時に問題が起こることは少なくない。サムスングループからＣＪグループや新世界グループが独立した例や、ＬＧグ

ソウル峨山病院にある鄭周永氏の銅像

ループ（旧ラッキー金星）からはＧＳグループやＬＳグループが分離独立している。

なお、現代グループの経営権争いは五男の夢憲氏が勝利した。しかし２００３年、北朝鮮への不法送金５億ドルを巡る疑惑が起こり、検察による捜査中に、夢憲氏は現代グループ社屋（ソウル市北村路）の12階執務室から飛び降り、この世を去った。

リスクをとることを恐れず、前に進み続け、時代の風雲児であった鄭氏は、夢憲氏の最期の決断をどのように思うのだろうか。その答えは誰にも分からないが、半導体事業への参画に後ろ向きの姿勢をとった参謀と向きあったときのように、怒気を含んだ言葉を飛ばしたに違いない。

第2章

韓国財閥の栄枯盛衰

■全大統領による財閥への圧力、韓国型政経癒着の始まり

1996年2月、秘密資金事件の初公判で、全斗煥（チョン・ドゥファン）元大統領は「収賄したことは事実だ。私が金銭を受け取らないと、財閥は不安になったようだ」と述べた。

朴正熙大統領が、部下であった韓国安全企画部（現国家情報院、KCIA）部長の金載圭（キム・ジェギュ）に暗殺された1979年10月26日、金部長を捜査する保安司令官（少将）として、全斗煥氏は韓国政治の表舞台に登場。そして、同年12月の軍事クーデター（12・12軍事反乱）を経て大統領に就任した。大統領を務めた7年間、独裁軍事政権として財閥から莫大な不正資金を受け取った。そうした数多くの犯罪に対する裁判が、金泳三大統領在任中の1996年から始まった。

韓国の市民団体「参与連帯」の資料によると、全氏は大統領在職中（1980年8月〜1988年2月）に、サムスンから220億ウォン、現代から220億ウォン、東亜から180億ウォン、大宇から150億ウォンの不正資金を受け取ったとされる。そしてその見返りとして、主要財閥は軍需事業や国家プロジェクトに関する仕事を請け負い、許認可作業でも特別な恩恵を受けた。こうして韓国型の政経癒着ともいえる図式が形成されていった。また、韓国財閥の「タコ足経営」（企業が様々な分野に進出し、事業の多角化を図る韓国財閥企業で多くみられる経営手法）もこの時期から拡大し、全氏の在任期間に財閥企業の系列会社は2倍以上に増えた。

一方で、全斗煥政権に非協力的な財閥は徹底的に圧力をかけられた。その代表例が１９８０年代初頭に韓国財閥第7位にランクしていた国際グループだ。同グループは釜山でゴム靴ビジネスからスタートし、化学、繊維、建設、総合商社などを擁する巨大財閥へと成長した。だが、１９８５年2月に不良企業というレッテルが貼られ、国際グループは解体。系列会社21社の一部は他の財閥に吸収され、残りは清算された。ビジネスの拡大過程で実施した大規模な借り入れが解体の主因とされているが、解体に至った期間がわずか数カ月間であったことから、全斗煥政権による圧力が背景にあったという見方が大勢を占める。

国際グループの会長だった梁正模（ヤン・ジョンモ）氏は、ある番組で「晩餐会のために青瓦台（大統領府）に呼ばれたとき、主要財閥オーナーのなかで、ある若いオーナーが全氏のすぐ隣に座っていた」と発言。これは年長者を敬う文化がある韓国ではまず起こらない状況だ。しかし、この若いオーナーは、全氏の財団に数十億ウォンを寄付していたことから、こうした待遇を得られたという。一方、梁氏は「一番奥に座らされた」とし、全氏への献金額によって晩餐会の席の位置が決まっていたことを明かした。こうした資金集めには、大統領夫人（李順子氏）の協力もあった。李氏は財閥オーナーの夫人を青瓦台の晩餐会に呼び、様々な名目で資金を集めた。そして、富裕層が住むソウル江南の開発投資に資金を投じていたという。

1980～1990年代、韓国で財閥のトップの座を競っていたのは、現代グループと大宇グループだった。当時は両グループの全盛期。繊維事業で創業した大宇グループは、電子、自動車、建設業などにもいち早く展開し、1980年代に大きく事業を成長させた。1990年代初頭に大宇グループの金宇中（キム・ウジュン）会長が唱えた「世界経営論」は、韓国財閥によるグローバル展開の出発点ともいえ、大宇グループは当時、西側諸国の企業が進出をためらっていた共産主義国家を含め、世界各地で事業を展開。「世界は広く、やることが多い」という金会長の発言は、当時の流行語にもなった。

ところが、大宇は積極的な世界進出に伴って過剰な負債を抱えるようになり、経営状況が限界に近づいていた。そこに追い打ちをかけたのが、1997年に起こった韓国のIMF金融危機だ。

金融危機によって、その経営の中身と限界が白日の下にさらされた大宇は、構造改革を1998年から開始した。しかし、そうした取り組みは失敗に終わり、グループは解体に追い込まれた。大宇自動車はゼネラルモーターズに売却され、大宇電子や大宇建設、大宇重工業などグループの主要企業も債権者の手に渡り、そこから新しいオーナーの手に渡っていった。現在も大宇グループを源流に持つ企業が数社活動しているが、韓国経済界における大宇グループの存在はほとんど消えたといってよいだろう。

グループの解体に至った国際や大宇とは対照的に、サムスンは半導体事業の参入によって事業を拡大していった。サムスンが半導体に取り組み始めたのは１９７４年末。経営難にあった韓国半導体の株式50％を取得したことから始まる。その後、１９７７年に残りの50％を取得し、１９７８年３月にサムスン半導体へ社名を変更した。そして１９８０年にサムスン電子がサムスン半導体を吸収合併し、電子製品と半導体製品の一貫体制を構築。１９８１年にはカラーテレビ用信号ＩＣ(Integrated Circuit ＝集積回路）の開発に成功した。さらに１９８２年には、サムスン電子の半導体事業部を、サムスングループ通信企業である韓国電子通信と合併させ、社名をサムスン半導体通信に変更した。そしてサムスン半導体通信は１９８３年12月、64Ｋ　ＤＲＡＭ（Dynamic Random Access Memory）の開発に成功した。この出来事は当時、世界のＤＲＡＭ市場を席捲していた日米メーカーに大きな驚きを与えた。

サムスンによる64Ｋ　ＤＲＡＭの開発は、グループ創立者の念願である「事業報国」や「技術報国」を実現するもので、サムスンの半導体神話の始まりでもあった。なお、事業報国や技術報国とは、事業や技術を通じて国家のために尽くすことを意味し、国が強くなることが発展につながるという思想だ。半導体を国家戦略産業として積極的に育成していた全斗煥大統領は「サムスン半導体通信の64Ｋ　ＤＲＡＭ開発は、韓国先端産業の発展に重要な役割を果たした」と最大級の賛辞を贈っ

サムスングループにおけるDRAM性能の歴史

時期	ビット数
1983年12月	64K
1992年8月	64M
1994年8月	256M
1996年10月	1G
2004年9月	2G
2012年10月	4G
2014年10月	8G
2018年1月	16G
2023年8月	32G

た。

サムスンは大手新聞社の1面に「サムスン半導体通信は日米に続いて64K　DRAMの開発に成功し、韓国半導体産業の先遣隊として、最先端技術を通じて先進祖国の創造の一助になる」という5段広告を掲載し、その成果を大々的にアピールした。この「先進祖国の創造」という言葉から、当時の財閥が国家と運命を共有し、先述の「報国」の精神を強く持っていたことも垣間見える。そして、サムスングループの創立者である李秉喆（イ・ビョンチョル）会長は「64K　DRAMによる付加価値の創出に大きな期待を持っている。これからも持続的な技術開発を通して256K　DRAMの開発も実現していきたい」と熱く語った。

サムスン半導体通信は64K　DRAMの成功を機に、1984年から半導体のグローバル展開を開始する。し

64K DRAMの輸出成功を祈るサムスン半導体通信の社員

（写真提供：サムスン電子）

かし、当時の半導体市場は供給過剰の状態にあり、日本企業以外は収益が悪化。サムスンの64K　DRAM生産原価が1・7ドルであったのに対し、1985年の取引価格は1・3ドルまで値下がりしたことから、サムスン半導体通信は厳しい状況に陥った。だが、そこから次世代DRAMの増産と先行投資という「逆張り戦略」を取ったことで状況が好転し、1987年から急成長を遂げることになる。

その後、サムスンは1992年に世界初となる64M　DRAMを開発し、DRAMの世界市場でトップシェアを獲得。1993年にはメモリー全体でも世界トップシェアとなった。さらに1994年に世界初の256M　DRAMを開発。直近では2023年9月に12nmクラスのプロセスを採用した32G　DRAMを開発し、過去40年間でDRAM

容量を50万倍にした。なお、「64K　DRAM製品の開発は、サムスンが最強の半導体メーカーに飛躍する起爆剤となった」との理由で2013年8月、64K　DRAMは韓国文化財庁によって国家登録文化財第563号に指定された。

■財閥共和国・賄賂共和国を暴く、盧泰愚政権で収賄が明るみに

「愚かな私、盧泰愚は国民にお詫びします。統治資金（不正献金の一種。財閥企業への特別な恩恵提供の見返りの対価として集められ、選挙資金や野党陣営への工作資金などにも使用されたとされる資金）は間違ったことですが、韓国政治の長い慣例。大統領在任中の5年間で5000億ウォン程度の統治資金がありました」と語るのは、全斗煥（チョン・ドゥファン）元大統領の親友（韓国陸軍士官学校の同級生）で、1979年の軍事クーデター時に韓国陸軍第9師団長（少将）として参加した盧泰愚（ノ・テウ）元大統領だ。

盧氏は大統領退任後の1995年10月、前述の謝罪に加え、秘密資金に対する詳細を自白し、「資金は主に財閥オーナーから献金名目で募り、大半は政党の運営費や政治活動に使用した」（盧氏）という。この事件は、当時の野党議員によって世に知れ渡ることになり、のちに全斗煥氏をはじめとした軍事クーデターの関係者が処罰されるきっかけとなった。暴露した野党議員は、盧氏が新韓

銀行ソウル西小門支店に「ウイル洋行」という会社の名義で１２８億ウォン以上の預金を持つことを明らかにし、「これは盧大統領の退任直前の１９９３年1月末まで韓国商業銀行にあった４０００億ウォンの秘密資金を、ソウルの各銀行に１００億ウォンずつ40口座に分散預金した一部だ」とした。こうした出来事を受け、１９９３年に大統領に就任した金泳三（キム・ヨンサム）氏は、軍事クーデターの勢力との断絶を求める世論とも相まって、徹底的な捜査を指示した。

その後、財閥オーナーらが検察に呼ばれ、財閥企業40社からそれぞれ50億~３５０億ウォンが盧氏へ流れていたことが判明。その結果、盧氏は１９９５年11月に背任や収賄の容疑で逮捕され、１９９７年4月に最高裁で懲役17年および追徴金２６２８億ウォンが言い渡された。それに続き、全斗煥氏も１９９５年12月に逮捕された。しかし、両氏は１９９７年12月に当時の金泳三大統領からの特赦で釈放された。

こうした想像を絶する衝撃と社会的な波紋を起こした盧氏の収賄事件は、単なる盧氏個人の問題ではなく、政治家と財閥が共謀し、密室で国政を操作していた韓国型政経癒着の典型であり、政治家と財閥が韓国国民を愚弄する行為である。当時の盧政権は、大統領官邸を頂点に、政治と財閥の都合で物事が動く、いわば「賄賂共和国」「財閥共和国」ともいえる状況だった。

先述のように、韓国の政治資金は主に財閥から提供された。つまり、財閥企業が本来支払うべき税金、実施されるべき投資の資金、労働者への給料などが為政者の懐を肥やしていた。一方、財閥オーナーは資金提供の見返りとして国のプロジェクトを受注し、会社の規模を拡大していった。1980年代に中南米で横行していた麻薬カルテルを彷彿させるような韓国型政経癒着は、2000年以降も続いていく。

財閥オーナーが全斗煥氏と盧泰愚氏に提供した金銭は、必ずといってよいほどビジネス利権と絡んだ。財閥オーナーらは「軍事政権の強圧によって、やむを得ず出した」と言い張ったが、そうした主張は裁判では通じず、盧泰愚氏の不正資金に関わった財閥企業やオーナーは有罪を言い渡された。しかし、有罪といっても執行猶予が付く判決も多く、韓国社会では長い間、経済犯罪者への処罰は軽い傾向にある。

盧氏への計510億ウォンの賄賂容疑で在宅起訴された金宇中（キム・ウジュン）元大宇グループ会長、原子力発電所の受注に関する便宜で150億ウォンを提供した崔元碩（チェ・ウォンソク）元東亜グループ会長、地方工業団地の指定を目的に100億ウォンを提供した張震浩（ジャン・ジンホ）元真露グループ会長、計700億ウォンの資金を提供した鄭泰守（ジョン・テス）元韓宝グループ会長、グループ全体への善処名目で100億ウォンの贈賄を送った李健熙（イ・ゴンヒ）元サムスングループ会長などは、いずれも拘束されていない。

「新郎と新婦はともに米シカゴ大学で博士課程を修め、結婚後も米国で継続して留学する予定だ」。これは１９８８年9月に韓国大手新聞で報道された盧泰愚元大統領の長女である盧素英氏と、崔鍾賢（チェ・ゾンヒョン、旧鮮京グループ会長）の長男である崔泰源氏（現ＳＫグループ会長）の結婚を報じた記事の一部だ。

崔泰源氏が盧素英氏に初めて会ったシカゴ大学は、父親の崔鍾賢氏が１９５９年に経済学修士号を取得した大学でもある。崔鍾賢氏は当時、数人しかいなかった韓国人留学生であり、息子の崔泰源氏も父親と同じシカゴ大学に留学した。

崔泰源氏と盧素英氏が出会い結婚に至ったのは、運命的な恋愛であったのか、それとも大統領の娘と財閥オーナーの息子という政略的なものであったのか、その真実は崔泰源氏と盧素英氏だけが知るところだが、両氏の関係はすでに破綻している。そのきっかけは、崔泰源氏が２０１５年に新聞社へ送った発表文書。そのなかで崔泰源氏は、当時6歳の婚外子がいること、そして盧素英氏と離婚することを大々的にアナウンスし、崔泰源氏は２０１７年に離婚調停を申し立てた。それ以降、長期の離婚訴訟を経て２０２２年12月、崔泰源氏が盧素英氏へ約1億ウォンの慰謝料を支払い、６６５億ウォンの財産分与を行う判決が言い渡された。しかし、両氏は判決を不服とし、それぞれ控訴したため争いが継続し、２０２４年8月末には崔氏が盧氏に1兆３８０８億ウォン（約

SKハイニックスの年間売上高

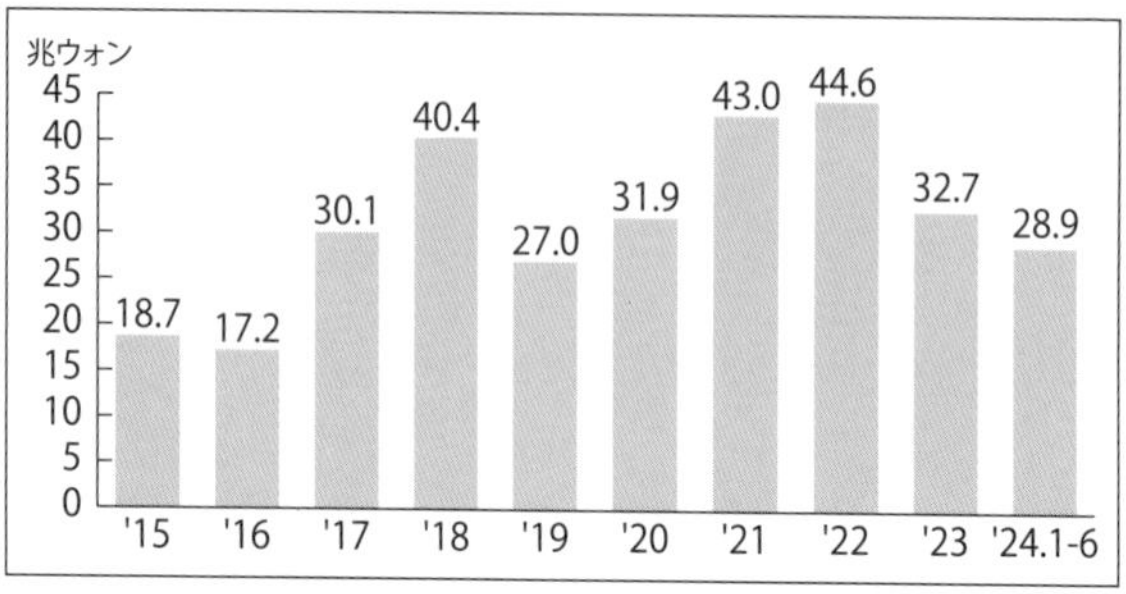

１５３４億円）の財産分与を命じられたことから、今後、最高裁の判断次第で崔氏の資金工面に関心が集まっている。

ＳＫグループの起源となる企業は、織物を輸入し満州へ輸出していた「鮮満綢緞」と日本の「京都織物」が合弁で設立した「鮮京織物」で、１９３９年の朝鮮総督府時代に水原市で創業した。その後、日本の敗戦によって日本人経営者が現地資産を放棄し、朝鮮戦争を経た１９５３年に鮮京織物の製造部長だった崔鍾建（チェ・ゾンコン）氏が、韓国政府から工場設備を譲り受けて１９５６年に法人化した。それ以降、紡績・繊維業を主力に、１９７３年には鮮京油化を通じて石油精製市場にも参入した。１９７３年に崔鍾建氏が逝去し、実弟の崔鍾賢氏も１９９８年に逝去すると、崔泰源氏がグループを掌握。大胆なＭ＆Ａと果敢な大規模投資を通じて、２０２３年には韓国財閥ランキングで第２位にビックジャンプした。崔泰源氏が実行した企業買収のうち、２０１２年に実行したハイニックス買収は「希代の神技」といわれている。当時のハイニックスはメモリー

崔泰源 SK グループ会長

市場の苛烈な価格競争によって業績が急降下していた時期で、日本ではエルピーダメモリが会社更生法を申請した。

こうした状況下において、崔泰源氏はハイニックスの買収を決定した。韓国の半導体産業に詳しいソウル証券街のアナリストは「崔会長は当時、韓国検察から巨額の横領や背任などで捜査されたことから、逮捕を逃れるためにハイニックスを買収した」と語る。実際、崔泰源氏は２０１３年に逮捕されたが、２０１５年８月に朴槿恵大統領による恩赦で釈放される。一方で「ハイニックスが中国企業に買収されないように、ＳＫグループに託した」との見方もある。

いずれにせよ、崔泰源氏のハイニックス買収は大きな成功となり、３・４兆ウォンで買収したＳＫハイニックスは、２０２２年に44兆ウォン以上の売り上げを計上し、ＳＫグループを韓国財閥ランキング第２位に押し上げる原動力の１つとなった。

業界初の16層 HBM3E 開発を発表する
SK ハイニックスの CEO（2024年11月4日）

■軍事政権の終焉と文民政府の始まり、金融実名制を電撃的に導入

１９６１年の朴正煕（パク・チョンヒ）少将などによる軍事クーデターから始まった韓国の軍事独裁政権は、１９９３年に金泳三（キム・ヨンサム）氏が大統領に就任したことで終焉した。金泳三元大統領の在任中（１９９３～１９９８年）は、韓国政治の民主化ならびに経済の民主化が形づくられた期間と評価されている。一方で、金泳三元大統領の経済政策には成

功といえるものと、失敗といえるものが混在し、財閥オーナーとの衝突も絶えなかった。特に深い因縁があるのがサムスングループ会長だった李健熙（イ・ゴンヒ）氏だ。李健熙氏は１９９６年に盧泰愚（ノ・テウ）大統領に政治資金１００億ウォンを贈賄した嫌疑で懲役2年、執行猶予3年を言い渡されたが、金泳三元大統領によって１９９７年10月に特別赦免（特赦、日本の恩赦に相当）が与えられ復権した。この出来事は大きな驚きをもって受け止められた。というのも、李健熙氏はサムスングループのオーナーとして精力的に活動していた１９９５年4月、中国・北京市で「企業は二流、官僚は三流、政治は四流」と韓国政治を強く揶揄したためだ。

金泳三元大統領は、それまでの軍事政権とは異なり、「政経癒着」のつながりを断絶した初めての大統領として尊敬されている。盧泰愚政権などの軍事政権下において、韓国財閥は政治家への大規模な寄付を行い、その見返りとして国のプロジェクトなどを受注し、企業の成長につなげていた。そのなかで収賄事件なども発生したが、韓国財閥としては事業拡大に向けた施策として非常にシンプルであったともいえる。しかし、金泳三元大統領は、そうした方程式が通じない非常に厄介な政治家が誕生したと受け止められたが、李健熙氏に対する特赦によって、金政権と韓国財界との緊張感を緩和することにつながった。ちなみに金泳三元大統領は、１９９７年に李健熙氏を含め、財界主要人物23人に特赦を与えた。

金泳三大統領は就任初年度の1993年に、韓国財閥オーナーのなかで唯一直接会ったのが李健熙氏で、そこから金泳三政権とサムスングループとの蜜月関係が形成されたといわれており、金泳三大統領は李健熙氏をIOC（国際オリンピック委員会）の委員に推薦したとも噂されている。こうした両氏の深い関係に亀裂が生じたのは、前述の李健熙氏による「北京発言」だ。

金泳三大統領は、1998年8月に経済分野における「金融実名制」（金融取引の際に実名を使用することを義務づける制度）と「不動産実名制」を電撃的に導入し、韓国経済が先進化する土台を作った。そうした経済改革を推し進める過程で、財閥による凄まじい反発があった。その代表的な事例が、李健熙氏肝いりの「サムスン自動車事業プロジェクト」だ。李健熙氏は、1994年4月に日産自動車との技術提携に対する協約書を締結し、自動車ビジネスが具体化し始めた。そして金泳三大統領も1994年12月にサムスングループの自動車事業への参入を許可したが、これについて既存の現代自動車、大宇自動車、双龍自動車、起亜自動車などが猛烈に反発する。その結果、金泳三大統領はサムスングループによる自動車分野への参入は許可しつつ、既存自動車メーカーを退職して2年以上を経過していない人材の採用を禁じるなど、サムスングループにとって不利な条件を付け加えた。そのため、サムスンは韓国国内で自動車関連のエンジニアを十分に確保できなかった。金泳三大統領へ条件の緩和を数回要請したが、認められることはなかった。これは既存自動車メーカーへの配慮という側面に加え、李健熙氏による「政治は四流」という発言も少なからず影響したといわれている。実際、金泳三元大統領は北京発言以降、李健熙氏を訪米随行団リストから外し、サムスン自動車の起工式に高位公務員（日本の次官、局長、審議官クラス）を参加させないなど、サムスンとの距離をとっていった。

金泳三元大統領は、それまでの軍事政権と同じ轍を踏むまいと、財閥との距離感を徹底して保ち、韓国の経済改革に尽力した功労者である。しかし、任期後半の１９９７年1月、韓宝鉄鋼の不渡りに端を発した財閥企業の連鎖倒産によって、政界と金融界との癒着や不正行為も明るみとなった。そのなかで外貨が急速に流出し、１９９７年11月に韓国政府は国際通貨基金（ＩＭＦ）に緊急融資を申請し、韓国の金融システムは麻痺状態に陥った。こうした韓国の経済史上、未曽有の金融危機を招いたのも金政権の時代である。

金泳三元大統領は、１９９３年8月に金融実名制を導入。不法な借名口座の取り締まりと処罰を韓国全土で実施した。また、日韓歴史の清算の一環として旧朝鮮総督府の建物（ソウル市中区）を爆破・撤去し、韓国軍内部の私組織である「ハナ会」（全斗煥氏や盧泰愚氏などが発起人）を糾弾する。とりわけ、全斗煥氏や盧泰愚氏などの軍事政権下における大統領の不正資金を徹底的に捜査・処罰するとともに、軍事反乱と軍事クーデター、光州民主化運動の武力鎮圧に対する責任を追及し、軍事独裁関連者らを司法処分した。

そして金政権は、過去との違いを明確にするため「新経済政策」を打ち出した。「全国民の参画と創意を経済発展の新しい原動力とする経済」を新経済と定め、1993年7月に作成した「新経済5カ年計画」に盛り込んだ。新経済5カ年計画の基本方針には、財政改革、金融改革、行政規制改革、経済意識改革など4大改革が掲げられ、成長潜在力の強化、国際市場の基盤拡充、国民生活条件の改善など3大重点施策の実現を目指した。

金泳三元大統領は、経済面では自由市場を標榜し、国有企業や公営企業の民営化も推進。朴正煕政権下に国有化および公営化された道路や鉄道関連企業の民営化をはじめ、韓国専売庁を民営化し韓国タバコ人参公社（現KT&G）に改めた。また、財閥改革も実施。財閥企業の会計透明性を高めたほか、「タコ足経営」（企業が様々な分野に進出し、事業の多角化を図る韓国財閥企業で多くみられる経営手法）や、循環投資（財閥グループ内の企業で相互出資することで、財閥オーナーは持分比率が少なくても、グループ全体の支配が可能となる構造）などの規制、社外理事制の導入など、財閥企業による支配構造の改革を試みた。しかし、そうした改革の情報を入手した財閥らは、一部のメディアを通して対抗した。当時の財閥改革のスローガンはグローバリゼーションだったが、財閥の息がかかった一部メディアは「企業活動に対する政府介入が強まる懸念があり、真の意味のグ

サムスン電子の年間業績

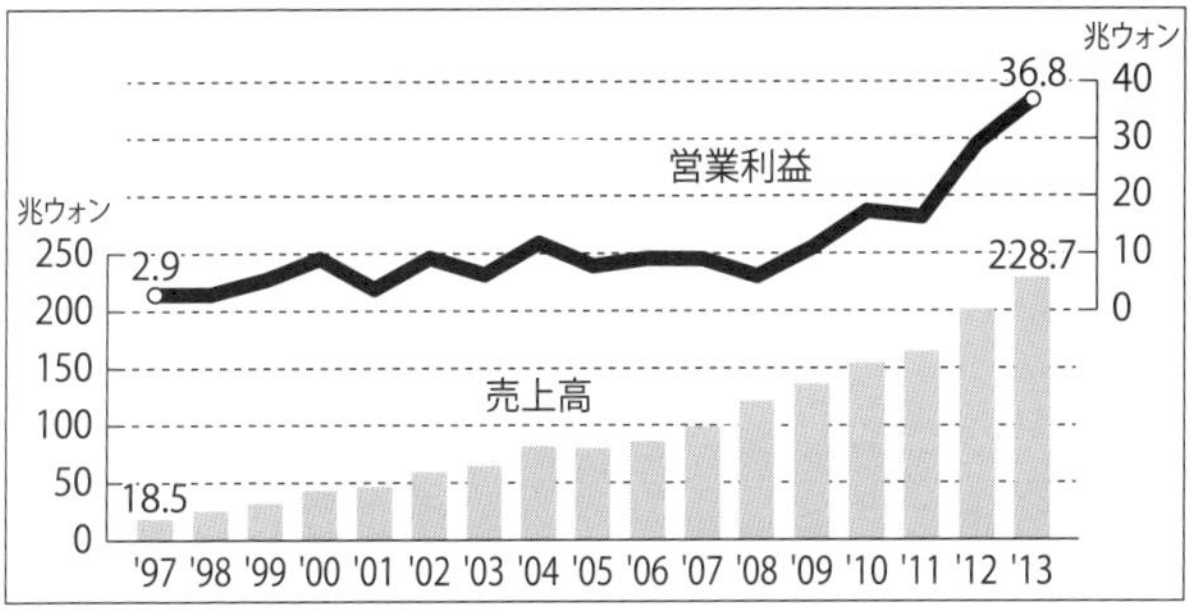

ローバル化の精神に真っ向から反する」といった論調や、「グローバル化も良いが、韓国的なものがすべて反グローバル化だという固定観念は捨てなければならない」といった論調を展開した。

当時の財閥改革は、青瓦台（大統領府）の政策企画室とグローバル化推進委員会が担っていた。しかし、一部メディアも活用した財閥による強力な抵抗の結果、財閥改革は公正取引委員会に移管されることとなった。それ以降、公正取引委員会は、財閥の系列会社同士の取引規制、系列会社同士の借金保証の規制といった改革を推し進めたが、当初計画されていた財閥改革の水準には遠く及ばなかった。財閥へのてこ入れは「改革」という名のもとに様々な政権で推し進められたが、財閥は不死鳥のごとく生き続け、結果、韓国の中堅財閥、韓宝グループの中核企業である韓宝鉄鋼が発端となり、ＩＭＦ金融危機という国家の経済構造を揺るがす大事件につながった。そして、金泳三氏が大統領に就任する前の国会議員時代に、韓宝鉄鋼の鄭泰守氏から選挙資金を収賄した疑

サムスン電子の半導体工場内部に入る故李健熙会長

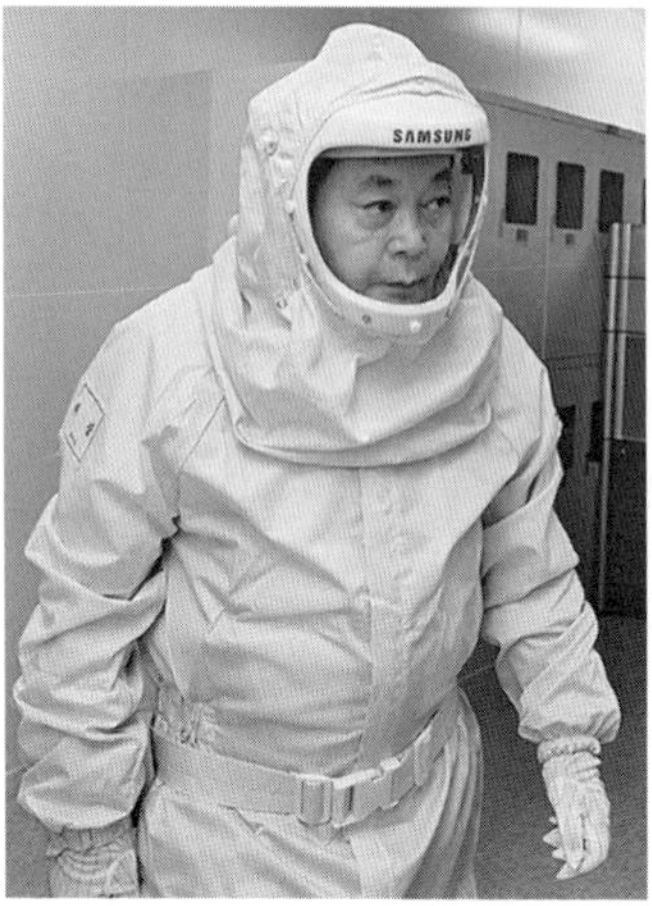

（写真提供：サムスン電子）

惑も浮上し、財閥改革という念願は机上の空論に終わってしまう。

■民主化と財閥改革、IMF危機克服に追われ所有構造改革は失敗

1998年2月に韓国の大統領に就任した金大中（キム・デジュン）氏は、韓宝鉄鋼の破綻に端を発したIMF金融危機（1997年12月にデフォルト宣言）の処理に追われる。現在、韓国の金融構造は株主資本主義（会社は株主のものであり、株主の利益を最大化するために経営されるべきであると考える資本主義）の要素と財閥体制が共存する関係といわれており、こうした韓国の金融構造の特徴は、金大中政権（1998～2003年）による財閥政策の見直しから始まっ

た。当時の政権は、ＩＭＦ金融危機以降における財閥企業のガバナンス構造を、株主資本主義的に改変するための様々な制度を導入し、既存制度を廃止した。しかし、株主資本主義の体制を確立するうえで、最も重要な要素の１つである財閥による所有構造の改革は失敗に終わった。

金大中政権は、多数の民衆の支持を受け、財閥を規制する株主資本主義的な制度の導入を決めることができたが、政権末期の２００２年ごろには支持率が低下。また、政党の構図が政府にとって不利なかたちに変化したことなども相まって、政策を遂行する力が弱まり、出資総額制限制度などが想定どおりに実行されず、集団訴訟制度も結局立案できなかった。

金大中氏は１９２５年に韓国西南部の全羅南道に生まれた。朴正熙氏や全斗煥氏などの軍事独裁政権の弾圧によって、命の危機に瀕したこともあったが、第15代韓国大統領になった立志伝的な人物だ。第14代の大統領であった金泳三氏とともに、民主化陣営のリーダーとして長年活躍し、軍事政権に抗拒した。特に１９７３年8月、東京のホテルグランドパレスの２２１２号室にて、韓国中央情報部員によって拉致された事件（拉致後、船で連れ去られ、ソウルで軟禁状態に置かれた5日後にソウル市内の自宅前で発見された）は、日本でも広く知られている。韓国中央情報部（ＫＣＩＡ、現・国家情報院）は、金大中氏を石に縛りつけて東京湾に投げ入れようとしたが、その寸前に日本の海上自衛隊が韓国中央情報部の船を発見したため、韓国中央情報部は計画を変更したとされる。金大中氏が九死に一生を得たこの出来事は、日本の有力通信社と米国の中央情報局東京支部などの働きによってもたらされたとされている。

金大中政権は、ＩＭＦ金融危機からの脱却に至る過程において、ＩＭＦから救済を受ける代価として、大胆な企業構造改革の実行を求められた。そこで国際水準の企業透明性の強化と負債比率の縮小政策を進めるなど、金融、企業、労働、公共などの面で大規模な改革を断行した。具体的には、第1に金大統領は大手財閥オーナーとの協議を経て、財閥企業の透明性確保と構造改革を進めた。第2に政労使の協議を経て、労働市場の柔軟性を確保するために労働基準法を改正し、整理解雇制や労働者の派遣制などを導入した。第3に輸出増大および外国からの投資を活性化させるために、大統領が主宰する「貿易・投資促進の戦略会議」を設置・運営するとともに、外国投資の自由地域を設定し、ワンストップで対応する体制を整備した。さらに、先進諸国を訪問し、誘致活動を積極的に展開した。第4に公共部門の生産性向上と規制緩和に向けて、国が推進していたプロジェクトを民営化するとともに、公共企業の変革も図ることで、企業の生産活動を阻害する規制を緩和し、海外からの参入障壁も緩和した。こうした取り組みによって、２００1年8月にはＩＭＦからの借入金（１９５億ドル）を全額返済した。

こうした取り組みを含め、金大中政権における初期の成果として、為替や金融市場の安定化が挙げられ、経済収支の黒字や海外からの資金流入などに支えられ、外貨の保有額は過去最大規模に拡大した。また、企業の構造改革の成果も表れ、株価が上昇し、金融市場も次第に安定していった。さらに、実体経済の成長率もマイナスからプラスへ転換し、失業率の大幅な減少など景気回復へと素早く転じていった。その結果、１９９７年以降「投資不適格」に下向調整されていた韓国の国家信用等級は、１９９９年に「投資適格」の水準に回復し、対外信認度も改善したことから海外からの直接投資が継続的に拡大した。

金融機関の短期外債に対する満期延長と外国為替平衡基金債券（外平債）の発行も成功し、為替や金利が安定化。スピーディーな構造改革のために64兆ウォン（約７・１兆円）に達する大規模な公的資金を投入し、問題を抱える金融会社や企業の整理も進めた。そのほか、財閥の独占・寡占によって生まれていた弊害についても改革を進め、朝鮮戦争以来、最大の国難ともいうべきＩＭＦ金融危機を乗り切った。

一方で、こうした改革によって韓国社会から終身雇用の概念が消えるとともに、名誉退職（日本の早期退職制度に相当）によって数多くの中産階級の家庭が破綻するという結果をもたらした。そしてＩＭＦからの借入金を全額返済した２００１年ごろ、サムスン電子や現代自動車などでは、中国の伝奇小説である西遊記に登場する「沙悟浄」（韓国語ではサオジョンと発音）という言葉が流行った。これは前述の名誉退職によって45歳前後で事実上の定年退職となった人が多く生まれたことに起因する。というのも「45歳で定年」を短縮し、「45定」という表現が生まれ、この「45定」という言葉が韓国語では沙悟浄と同じく「サオジョン」と発音するためだ。一般的に働き盛りともいわれる40代において、45歳で定年を意味する言葉が流行った当時の韓国社会の雇用状況を物語る出来事ともいえるだろう。

ＩＭＦによる救済を受けた金大中政権は、財閥企業の過剰な重複投資と、消耗戦ともいえる販売競争などが金融・経済危機を招いたと考えた。そこで業種・分野別で財閥グループ同士の統合を提案した。その1つとして、韓国政府は、現代グループの半導体部門である現代電子産業と、ＬＧグループの半導体部門であるＬＧ半導体の統合を提案した。しかし、この統合案は、対等合併でなく現代電子産業によるＬＧ吸収合併であった。当時のＬＧグループ会長であった具本茂（グ・ボンム）氏は、東京出張の際にこの話を聞いて怒りをあらわにし、東京から金浦国際空港へ戻った際に「政府の一方的な合併には同意できない」と強く反発した。しかし結果的には、政府や債権金融機関の判断に涙を呑んで従った。韓国政府は、サムスン電子の半導体事業と、２００1年3月に社名をハイニックス半導体へ変更することになるこの新生現代電子産業が、韓国における半導体分野の2大巨頭として業界を牽引することを期待していたのであろう。

韓国製造業の負債比率

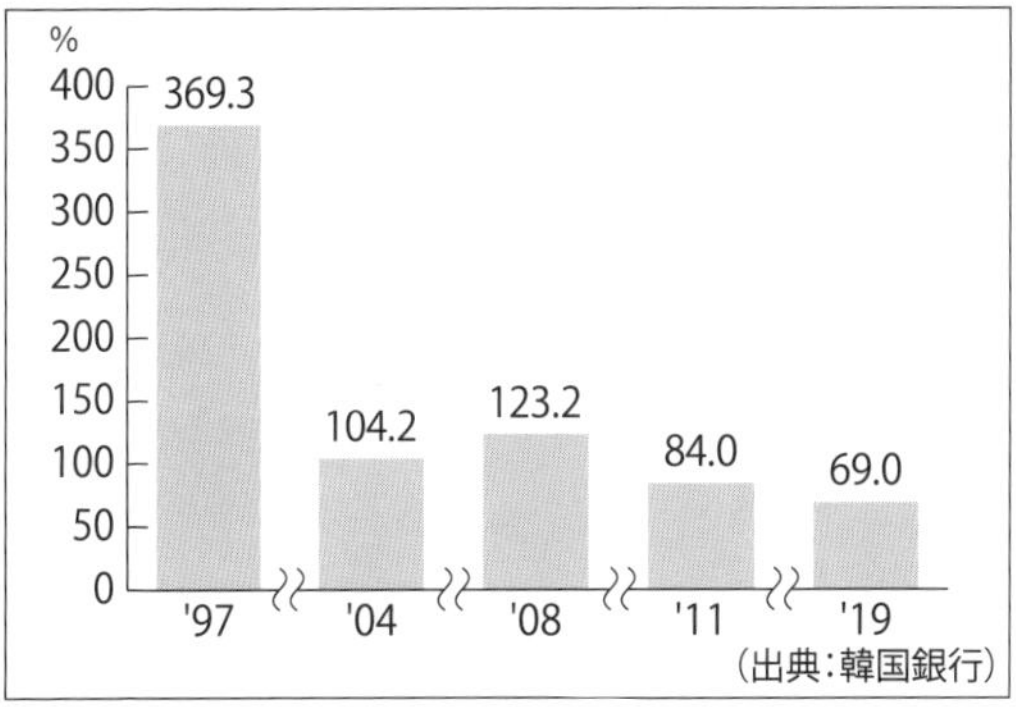

しかし、ハイニックス半導体は２００１年に債務超過に陥って経営破綻し、政府系金融機関からの資金援助を受けて債権銀行団の管理下に入ることになる。その後、経営再建を図り、作業が一段落した際に、債権銀行団がハイニックス株の売却先を探した結果、２０１１年にＳＫグループによる買収が決定し、２０１２年にＳＫハイニックスとなった。結果的に現在、サムスン電子とＳＫハイニックスが韓国の半導体分野を牽引する立場になったが、韓国政府の目論見とは違う結果になった。

一方、現代電子産業との統合が実行された１９９８年に、ＬＧ半導体の社長を務めていた具本俊氏（具本茂氏の実弟）は現在、ＬＸグループの代表取締役会長を務めており、同グループの傘下には、ＤＤＩＣ（ディスプレードライバーＩＣ）のファブレスメーカーとして韓国トップの実績を誇るＬＸセミコンがある。涙を呑んで半導体事業を手放した側が現在も

財閥の聴聞会に召喚されたＬＧグループの
具会長（右）とＣＪグループの孫会長

半導体事業を続けており、取得した側の半導体事業は別のグループへと吸収されてしまった。半導体市場は、急上昇と急下降を繰り返すことから、遊園地のジェットコースターに例えられることもあるが、この紆余曲折もその一例といえるだろう。

■盧武鉉元大統領とサムスン、政策立案や南北融和で存在感

「韓国の政治権力はもはや経済市場に移ったようだ」。２００５年5月、当時の盧武鉉（ノ・ムヒョン）大統領は「大手中小企業の共生協力懇談会」の場でこう語った。盧大統領の発言は「政府は経済市場を公正に管理するが、大手企業も自主的に中小企業と共生する努力が必要だ」という要請でもあった。しかし、この発言は盧政権が大手企業らの影響を強く受けていることを自白していると

捉える向きが多かった。

盧政権の誕生初期には財閥改革に積極的であるとみられていたが、就任から6カ月後の2003年8月15日、光復節（日本植民地からの独立を祝う日）の記念辞で国民所得2万ドルの達成を宣言するなど、経済成長にウエートを置くようになった。当時、財閥改革における最重要ポイントは、公正取引法の改正（出資総額制度の強化）と金融産業構造調整法（金産法）の改正であった。実際、金産法の改正によって、サムスングループの支配構造の根幹を成すサムスンカード社によるサムスンエバーランド社（韓国最大のテーマパーク）持ち分売却につながった。一方で盧政権は、サムスン経済研究所から数多くの政策懸案と報告書を受け取ったといわれている。初めての報告書は、大統領職引受委員会に提出された「国政課題と国家運営に関するアジェンダ」という400ページのレポートで、盧大統領が打ち出した「東北アジア経済中心の国家論」と「国民所得2万ドル時代」という政策もサムスン経済研究所が提言したものだった。このようにサムスン経済研究所の論理が政府与党と中核の閣僚に伝わるようになる。

韓国の歴代政権のうち、最も強力な財閥改革を推し進めたのは金大中（キム・デジュン）政権だ。1998年1月に金大中大統領と財閥オーナーが①経営の透明性アップ、②相互支給保証の解消、③業種の専門化、④経営者の責任強化、⑤財務構造の改善など5項目で合意。また、1999年8

月15日の光復節の祝辞で、金大統領は①第2金融圏の経営支配構造の改善、②循環出資および不当内部取引の抑制、③変則相続の遮断という3原則を打ち出した。そして金大中政権は、この「5＋3原則」をもとに、「韓国財閥の船団方式経営（企業が様々な分野に進出し、事業の多角化を図る韓国財閥企業で多くみられる経営手法）は終焉すべきだ」と力強く宣言。これを受けた韓国マスコミは「事実上、財閥解体の宣言だ」と評価していた。

ところが、5＋3原則のうち、金大中政権が終了するまで順守した項目は、相互支給保証の解消と財務構造の改善の2つのみ。「経済状況が厳しくなっている」や「新しい成長動力に対する大規模投資が不可欠だ」といった全国経済人連合会（日本の経団連に相当）などの決まり文句を大統領府と当時の与党が常に受け入れ、財閥改革はその都度無力化されていった。例えば、サムスン電子の半導体工場建設の場合、数兆円の設備投資をはじめ、装置・材料関連の協力メーカー300社以上が産業クラスターを形成することから、雇用が劇的に増える。こうした成果を受けて、韓国の歴代政権は財閥改革を大声で叫ぶものの、改革が実行できないジレンマを抱え続けている。

盧武鉉大統領は韓国慶尚南道金海市に生まれ、高卒で韓国司法試験に合格し、弁護士となる。全斗煥・盧泰愚軍事独裁政権時に人権弁護士を経て政界に入り、2002年12月に韓国大統領の当選を果たし、2003年2月～2008年2月まで大統領を務めた。しかし、2008年ごろからサムスングループによる裏金疑惑が持ち上がり、捜査対象が盧武鉉大統領の選挙資金にまで及ぶ。そして、盧氏は２００９年5月、郷里の自宅近くの小山から飛び降り、その人生を終えた。盧氏の自殺について、大半の韓国人からは「知人から盧氏の家族が金銭を受け取って、検察捜査中にその確証が出て、すべての責任を背負ったまま自殺した」と認識されており、サムスンとの本当の関係性は闇の中だ。

先述のように、サムスングループによる裏金疑惑が持ち上がり、捜査対象が盧武鉉大統領の選挙資金にまで及んだことで捜査に至った。しかし実は、盧氏は大統領就任初期に「財閥のなかでもサムスンを徹底的につぶす」と公言していた人物でもある。そうしたなか、盧氏とサムスンをつなぐ人物が出てくる。それが李鶴洙（イ・ハクス）サムスングループ元副会長（構造調整本部長）だ。

李氏は盧氏と同じ高校の先輩後輩の間柄で、国会議員の初当選時代から盧氏をサポートしていた。そして盧氏と李氏は、金泳三政権時に起こったサムスン自動車の処理問題（サムスン自動車のルノーへの売却）の際に親密な関係になった。盧氏の側近は「私は、サムスン自動車の処理が、結果的にサムスンに有利な結果になったかは分からない。いずれにせよ、サムスン自動車をルノーに渡す過程において盧氏の役割は大きかったし、サムスン側の李氏との緊密な交流があった」と述べており、盧氏とサムスンの関係が決して浅くないことを示唆している。

LGディスプレーの有機EL生産ライン

工場	ガラスサイズ	稼働	主力製品	月産能力（万枚）
坡州E3	2200×2500mm	13年1月	テレビ	3.4
坡州E4	2200×2500mm	14年12月	テレビ	2.6
亀尾E5（P6）	1500×1850mm	17年下期	モバイル	1.5
坡州E6（P9）	1500×1850mm	18年下期	モバイル	1.5
中国広州	2200×2500mm	20年1～3月期	テレビ	5.6
亀尾P5	1100×1250mm	17年下期	中小型照明	1.5
坡州P10	2940×3370mm	23年3月投資完了	テレビ	4.5

サムスングループは、金大中氏と盧武鉉氏という2つの政権に様々な面でサポートを行った。しかし、そのサポート内容は大きく異なる。金政権時は「人」に関するサポート、盧政権時は「システム」構築に関するサポートにも力点を置いた。つまり、サムスンに友好的な人物を政府の要職に推薦することだけでなく、国政や政策にもサムスンは直接関与し、当時の公職社会を変える政府の改革にも深く携わった。人事面で最も代表的な事例は、当時のサムスン電子半導体事業部長（社長）であった陳大済（ジン・デゼ）氏に対する情報通信技術相への推薦だ。政府がサムスンに依頼し陳氏を大臣に任命したといわれているが、陳氏が大臣になった真相は「優れた能力を持っていたこともあるが、半導体工場の新増設において装置を購買する際に、二重契約などで着服していることが分かり、サムスンは陳氏の処分に悩んでいた。その最中に政府からの依頼があり、喜んで大臣に行かせたのが実態だ」（韓国半導体の歴史に詳しいソウル証券街のアナリスト）。盧氏は、韓国において長らく続いた腐

開城工業団地の北朝鮮女性従業員

敗と不正を正し、最も民主的な政策を推進した大統領である。一方で、サムスンとの蜜月関係で国政を運営したという部分も否定できない人物である。
盧大統領は南北関係の融和に積極的に取り組んだ人物としても知られている。盧氏本人が北朝鮮の平壌を訪問し、当時の金正日総書記とも会い、盧氏は南北の経済交流にも取り組んだ。その成果として、北朝鮮・開城（ケスン）に工業地域を整備し、多くの韓国内外企業が現地で工場を運営したが、いまは閉鎖されている。筆者もソウル駐在外信記者として２００６年２月に開城で取材を行った。開城からの帰り道で「再び開城へ来ることができるだろうか」と思ったことが印象的だ。
盧政権時には、ソウルから東北方面の京畿道坡州（パジュ）にてＬＧディスプレーによる最先端ＦＰＤ（Flat Panel Display）工場の建設も実施された。２００６年４

月27日に盧氏は当時のLGフィリップスLCDの工場竣工式において、「坡州工場の敷地を国務会議で決めるときには色んな反対もありましたが、今日、ここへ来てみたら非常に正しい判断だったと思います」と述べた。坡州工場は北朝鮮との国境線まで20㎞しか離れておらず、晴れた日には工場の展望台から北朝鮮の町がはっきり見える。先述のように盧氏もすでに亡くなり、開城の工業地域は閉鎖されてしまったが、盧氏の強いリーダーシップで実現した坡州工場は、生産品を液晶パネルからテレビ向け大型有機ELパネルに変えながら現在も稼働しており、グローバル市場で存在感を発揮している。

■李明博政権は財閥に友好的、財閥企業の世襲が加速

李明博（イ・ミョンバク）元大統領の在任期間（2008〜2013年）は、韓国財閥において、2世や3世に経営権を受け継がせた時期でもあった。多くの財閥は政府と友好的な関係を構築し、その関係が持続している隙間を狙って、グループの経営権を世襲する作業を急ピッチで進めた。財界専門サイト『ジェボルドットコム』の代表であるチョン・ソンソップ氏は「当時の財閥界には李明博政権下で財閥オーナーの世襲ができないと馬鹿にされた」と述懐するほどだ。

サムスングループの現会長である李在鎔（イ・ジェヨン）氏も李明博政権下の2010年12月に

サムスン電子の社長に就任し、「李在鎔の時代」を本格的に始動させた。李氏は異例のスピードで昇進していったのだが、これは財閥に友好的だった李明博政権だからこそ可能であった。また、現代自動車グループは、グループ系列会社の運送業務を、鄭夢九会長の息子である鄭義宣（チョン・ウィソン、現会長）副会長が筆頭株主を務めていた現代グロービス（現代自動車グループの自動車部品専業子会社）へすべて発注した。これにより現代グロービスは創業10年足らずで時価総額６兆ウォン（２０１１年基準）を超す財閥企業へ成長した。

李明博政権時は、財閥による出資総額の制限制度が廃止となり、財閥の系列会社や非系列会社の所有持分を取得するために財閥会社の資金を流用することにも制限がなくなった。韓国公正取引委員会の資料によると、財閥グループ15社は系列会社と非系列会社の持分取得のために総額92兆８４００億ウォン（２０１１年4月基準）を出資した。そのうち10社については、製造業に比べて非製造業への出資が3倍以上多かった。財閥グループがすでに強みを持つ製造業ではなく、サービス業への出資を強化したことで、グループの事業範囲が建設、不動産賃貸業、教育、出版、映像、運輸倉庫業などへ拡大していき、財閥の影響力がより広範囲となった。また、こうした業種への参入は、財閥の2世や3世に富を不正に承継する近道でもあった。現代建設社長出身の李元大統領は、就任当初から財閥規制の緩和や廃止という誤った政策を実行したといえる。

「サムスンなどから巨額の賄賂を受け、会社資金を横領した嫌疑で逮捕され、裁判にかけられた李明博元大統領に懲役17年の刑が確定した」

これは2020年10月末に韓国聯合ニュースが報じた一部である。実刑が確定したことで、自宅で生活していた李氏はソウル東部拘置所に収監された（2022年12月に尹錫悦大統領によって恩赦）。韓国最高裁は、特定犯罪加重処罰法上の賄賂などの嫌疑で起訴された李氏の上告審において、懲役17年と罰金130億ウォン、追徴金57・8億ウォン余りを言い渡した原審を確定。これにより、2007年から13年間も争ってきたDAS（李氏が創立した現代自動車向けの部品メーカー）の実所有主論争にも終止符を打った。李元大統領の罪名は、前述以外にも韓国国家情報院（KCIA）特殊活動費の流用や、サムスンが代納（最高裁は当時の李健熙（イ・ゴンヒ）会長への恩赦を賄賂の対価と判断）したDASの米国における訴訟費用、秘密資金造成法違反など、枚挙に暇がない。

もともと李明博政権は「CEOを経験した大統領」「韓国経済復活の救世主」などといわれ、国民からの期待値も高かった。李明博政権の政策は〝ビジネス・フレンドリー〟というべきもので、ミョンバクの頭文字をとって「MBノミックス」とも称賛された。しかし、このMBノミックスは、ビジネス・フレンドリーではなく、結果的に財閥フレンドリーの政策となった。というのも、李氏の大統領選挙の公約には「大手企業の先導的成長の果実を、中小企業と庶民まで行き渡らせる」ことが掲げられた。つまり、トリクルダウン理論（富裕者がさらに富裕になると、経済活動が活発化して、低所得の貧困者にも富が浸透し、利益が再分配されるという経済理論）に基づいた考えで、この政策を実行するためには、まずは大手企業、つまり財閥グループをより大きくする必要があった。

その結果、李明博政権5年間（2008～2013年）で、韓国主要財閥グループ20社の総資産規模は77・6％増加した。韓国の企業経営評価サイトであるCEOスコアをみると、財閥グループの20社の資産総額は2012年に約1203兆ウォン（約133・6兆円）に達し、李政権初期の数字（約677兆ウォン）から急増。盧武鉉（ノ・ムヒョン）政権時代の資産増加率（39・8％）に比べて約2倍の伸び率となったことからも見てとれる。ちなみに、財閥グループのなかでも大手のサムスングループの総資産は、2008年の144兆ウォンから2012年に255兆ウォンへ拡大。現代自動車グループは73兆ウォンから154兆ウォンとなった。

李元大統領の経済政策のなかで、最も不透明であったのが海外資源外交だ。李氏は、資源外交という名目で国家プロジェクトを推進。だが、それらは巨額の損失を計上し、国費をばらまいただけの失敗に終わった。李氏が韓国石油公社、韓国ガス公社、韓国鉱物資源公社の3社を通じて取り組んだ海外資源開発事業は170件に及ぶ。そして、その投資額は総額43兆4000億ウォン（韓国産業通商資源省が2017年6月に公開した資料を基準とした数字）で、その損失額は

李明博元大統領関連の3公社による海外資源開発

公社	投資先	投資額	損失額
韓国石油公社	カナダ・ハーベスト買収など96項目	23兆8000億ウォン	9兆ウォン
韓国ガス公社	イラク・ガス田開発など27項目	14兆3000億ウォン	1兆2000億ウォン
韓国鉱物資源公社	メキシコ・銅鉱開発など47項目	5兆3000億ウォン	3兆4000億ウォン

(出典:韓国産業通商資源省海外資源開発革新タスクフォース、21年4月)

13兆6000億ウォンに達した。また、公社と協力するかたちで進出した民間企業も2014~2016年に8549億ウォンの損失を計上し、ファンド損益率はマイナス25・6%となった。さらに、海外資源外交に関するプロジェクトは、投資基準や資産処分の過程などがずさんであったことから、資金の一部が李氏の懐に入ったのではないかという疑念が韓国市民団体などの間で燻っている。

代表的な失敗事例として挙げられるプロジェクトが、カナダの油田開発企業ハーベストの子会社「NARL」を、韓国石油公社の投資額の100分の1の価格で売却したケースだ。韓国石油公社は、石油とガス鉱区を保有するハーベストを4兆5500億ウォンで2009年に買収。前例のないビッグプロジェクトであったにもかかわらず、交渉開始から最終契約まで44日しかかからなかった。また、4兆5500億ウォンのなかには、ハーベスト側の要求で買い入れたNARLの買収資金1兆ウォンも含まれていた。NARLの施設は、1973年完成の後、稼働中止や火災などが発生し、高リスクの施設であったが、韓国石油公社は詳細な調査も行わずに買収した。しかし、NARLは損失

2010年8月に韓国を訪問した
ボリビアのモラレス大統領（左）と李大統領

を計上し続け、その額は5年間で約1兆ウォンといわれており、買収額を含めて2兆ウォンの損失が積み上がり、その後、米国系の銀行に約200億ウォンで売却することとなった。

さらに、ボリビアのウユニ塩湖におけるリチウム開発プロジェクトの場合、李大統領の実兄（イ・サンドク、当時与党国会議員）を大統領特使の身分で中南米とアフリカなどを往来させて、海外資源開発を任せた。だが、ウユニ塩湖のリチウム開発事業は、ボリビア政府によるリチウム国有化の決定を受けて中止となった。

李元大統領が逮捕された際の起訴状に、海外資源開発事業に関する内容は含まれていない。「李氏が海外資源外交で得た天文学的なブラックマネーが明らかになれば国家の恥になるため、歴史の中にうずめたのでは」と囁かれている。

国のリーダーを志し、ソウル市長時にソウル中心地の再開発の成功を土台に、大統領まで上り詰めた李明博氏。現代グループの鄭周永（チョン・ジュヨン）会長の厚い信頼を受け、現代建設社長を務めるなど、ゼネコンビジネスで卓越した手腕を発揮し、大統領就任後も「韓国大運河の建設計画」を推し進めた。しかし、国民の反発でこの計画は頓挫した。当時の中国新華社ソウル支局長は筆者に「中国は2000年前に運河を建設した。21世紀になって運河計画を打ち出した李大統領の考えは理解し難い」と皮肉った。

■朴勤恵氏の友人が国政を壟断、民主化以降で初の大統領弾劾

2016年12月、当時の朴勤恵（パク・クネ）大統領は、憲法に反する犯罪疑惑によって韓国国会から弾劾訴追を受けた。そして憲法裁判所も、朴大統領の罷免を認める判断を下した。1987年の韓国民主化以降、初となる任期途中（在任期間2013年2月〜2016年12月、残り任期は約1年2カ月）での失職となった。犯罪疑惑のなかには、崔順実（チェ・スンシル）氏のスキャンダルをはじめ、側近らの不正や財閥からの収賄などが含まれていた。

朴氏と崔順実氏は40年にわたる交友関係を持つ。そんな大統領の親しい友人というだけの存在で

あるはずの崔氏が、何の公職にも就かずに、韓国の政治、経済、文化、外交分野まで関与し、国政を壟断した。これは韓国史上希代の不祥事といえる。崔氏との関係について、朴大統領は「困難なときに色々助けてくれた。大統領の演説文なども助言してもらった」と２０１６年10月に述べた。この出来事によって朴大統領の支持率は一時期14％まで急落し、ソウル、釜山、蔚山など、韓国各地で累計数十万人規模のデモ隊が朴大統領の辞職を要求。また、１９８０年代の韓国民主化のうねりを彷彿させるような時局宣言（大学教授などの知識人や有力者が、国内および国際的な情勢に大きな問題や混乱があるときに懸念を表明し、解決を促す声明を発表すること）も相次いだ。

ちなみに、崔氏の元夫は、２０１３年に産経新聞元ソウル支局長の加藤達也氏が国政関与の疑惑を指摘したチョン・ユンフェ氏。加藤氏は大統領の名誉毀損などの嫌疑で起訴されたが、２０１５年12月に無罪を言い渡された。

崔氏は、２０１６年9月にドイツへ逃亡したが、同10月30日に英国経由で密かに帰国し、同10月31日に検察へ出頭した。

崔氏は、大統領公文書の改竄に加え、スポーツ関連の財団法人を利用し、サムスン、現代、ロッテグループなど大手財閥に７７４億ウォン（約86億円）を強制的に募金させて、その資金を着服した。募金は大統領府の首席補佐官などが財閥に強要していたことから、朴勤恵政権下における崔氏の存在感が大きく、かつガバナンスが全く働いていない状況であったことは想像に難くない。さらに崔氏は、娘を梨花女子大学へ乗馬選手枠として不正入学させたうえ、大学教授を恐喝した疑いも持たれているなど、悪行は枚挙に暇がなく、韓国国民はそうした事実に憤慨した。

朴大統領に様々な名目で不正資金を提供した李在鎔氏（イ・ジェヨン、現サムスングループ会長）、崔泰源氏（現ＳＫグループ会長）、辛東彬氏（日本名は重光昭夫、現ロッテグループ会長）などの財閥オーナーは、朴政権後の文在寅（ムン・ジェイン）政権によって裁かれた。李氏の場合、２０１５年にサムスン物産と第一毛織の合併事件とも絡んで、いまだに裁判が続いている。崔会長は２０１５年8月15日に恩赦（２０１３年から横領・秘密資金造成法違反などで収監中）される際に、朴大統領の参謀から「恩赦の見返りに韓国経済回復に尽力すべし」と要求された。このように朴大統領は、財閥オーナーの多種多様な不法に目をつぶり赦免しながら自分の懐を肥やした挙句、大統領職を失うこととなった。

朴大統領は韓国初の女性大統領であり、かつ故朴正熙元大統領の長女という初の親子2代の大統領でもあった。そのため熱烈な支持者も多くいたが、そうした期待を大きく裏切る結果となった。父親である朴正熙（パク・チョンヒ）元大統領の栄光を受け継ぎ、さらに輝かせるはずだった朴勤恵大統領は、40年にわたる特別な知人との関係を断ち切れなったために栄光は地に落ち、アマチュアともいうべき政治力とずさんな国政運用によって、任期途中での失職という最悪なかたちで歴史に名を残すことになった。

そうした終わりを迎えた朴勤恵大統領であったが、２０１３年の大統領就任から２０１５年５月ごろまでは、積極的かつ意図的に財閥と疎遠な距離を置いた。というのも、朴槿恵大統領の父親をはじめ、全斗煥氏、盧泰愚氏、李明博氏など大統領経験者の多くが財閥から不正な資金を受け、暗殺、自殺、逮捕といった末路をたどったことから「自分は絶対に財閥と関係を持たない」という意志が筆者にも見て取れたほどだった。

ところが２０１５年５月、サムスン電子の平澤半導体工場の起工式がその状況を変えた。その起工式において朴大統領は李在鎔氏に会い、「国家経済の活性化のためにサムスン半導体の役割は欠かせません」と述べた。こうした場を、朴大統領に同行するかたちで見ていた崔順実氏は「財閥を口説くことで莫大な資金が動く」と感じ、起工式以降、朴大統領と崔氏の不正がエスカレートしていった。

そんな歴史の転換点の舞台となってしまった韓国・平澤市は現在、「半導体クラスター」ともいうべき状況が構築されつつある。ソウルから車で1時間余りの平澤を、サムスンは「未来半導体の最前線基地」と定め、業界最大規模の先端半導体ファブ6棟の建設を計画している。２０２３年11

月にはファブ2が本格稼働し、残る4棟についても順次建設する計画だ。こうした計画を実現するための総投資額は100兆ウォン（約11・1兆円）以上ともいわれ、サッカー場400面に相当する289万㎡に、サムスン半導体ビジネスの未来を担う新たなクラスターが形成される見通しだ。

また、こうしたサムスンによる平澤半導体クラスター計画は、半導体装置や材料メーカーにとって大きな飛躍のチャンスでもあり、装置、材料、周辺インフラ設備といった関連企業による投資額も100兆ウォンに迫ると予測されている。

実は平澤工場への大規模投資は、朴政権の「経済革新3カ年計画」に伴う地域活性化の政策を受けて、当初の計画より1年以上前倒しで実行された。つまり、細かい分析などに基づいたビジネス的な投資判断ではなく、韓国政府による企業投資の活性化に関する政策に応える面が強いものであったが、2015年以降の半導体市場の拡大をみると、早めの取り組みはプラスに働いたといえるだろう。

同工場の起工式の祝辞で朴大統領は「平澤半導体クラスターは、メモリー半導体トップの現状に安住せず、未来への競争力を高めるための先行的投資という企業家精神を見せている。名実ともに世界半導体生産のメッカへの飛躍を期待する」と述べたが、そうした歩みを着実に進めている。

一方、朴政権において韓国の国家レベルでの研究開発投資は伸びが鈍化した。朴政権前の李明博

韓国10大財閥グループの業績（19年）

（単位：兆ウォン）

グループ名	売上高	営業利益
サムスン	314.5	19.4
現代自動車	185.3	7.3
SK	160.4	9.9
LG	122.2	2.3
ポスコ	68.3	3.9
ロッテ	62.6	3.4
GS	62.4	3.0
ハンファ	57.0	1.5
農協	56.2	3.9
現代重工業	47.9	1.1

（ジェボルドットコムの資料をもとに電子デバイス産業新聞作成）

（イ・ミョンバク）政権時代は、研究開発予算が年平均10％以上は増えた。しかし、韓国企画財政省と未来創造科学省の資料によると、朴政権が発足した２０１３年から弾劾で罷免された２０１６年までのあいだに、研究開発予算は年平均で３・２％しか増加しなかった。

朴大統領は、就任時に「創造経済」というスローガンを掲げ、経済を最優先に据える方針を掲げた。そのため、韓国産業界は研究開発予算が大幅に増えると期待したが、看板倒れの状況に不満を募らせた。それに対して朴政権は「研究開発に対する支出の増額よりは支出の効率化が重要だ」と説明した。だが、半導体をはじめとする基幹産業界では、国の研究開発予算の伸びが弱まった背景として、景気浮揚に重点を置いた朴政権の経済政策に問題があると指摘されている。とい

2024年末に完成を目指すサムスン平澤第3工場

うのも、一般的に研究開発活動は短期で成果が出づらい。そのため、そうした部分に予算を配分しても政権の成果にはなりづらい。こうした考えが研究開発を重要視しなかった理由だといわれている。朴大統領は、弾劾前に2017年の国家研究開発投資(政府と民間)をGDP(国内総生産)対比5%に高めると打ち出したが、時すでに遅く、朴政権時代は韓国における研究開発の勢い、特に民間の研究開発投資が弱まった期間となってしまった。

■コロナで失政が隠れた文在寅政権、「経済音痴」との揶揄も

文在寅(ムン・ジェイン)氏は、朴槿恵(パク・クネ)前大統領のあとを受け、第19代韓国大統領に就任した(在任期間は2017年5月〜2022年

５月）。その文政権において実行された政策、特に経済政策について疑問符を投げかける専門家は多い。しかし、20年ごろから顕在化した世界的な新型コロナウイルスによるパンデミックが、文政権の経済失政を隠した。つまり、韓国国民は、当時の経済失速の原因が新型コロナにあると信じ切っていたが、専門家らによれば「新型コロナが鎮静化し、通常の経済活動に戻れば、必ずしも新型コロナだけの影響ではないことが分かってくる」としていた。

朴前大統領の失政に伴う「ろうそくデモ」（韓国ではデモを行う際にろうそくを持ちながら行われるのが一般的）で誕生した文政権。その文政権の特徴は、李明博（イ・ミョンバク）元大統領や朴前大統領の経済政策をすべて間違いと判断し、優れた経済政策であっても、継承することなく棄却したことにある。例えば、先端技術を育成するための国家プロジェクトなどを、前政権の名残だとして踏み潰した。また、李元大統領の経済政策などは、李氏が大手建設会社のトップ経験者であったことから光るものがあり、李元大統領は毎朝４時に起床して大統領職に臨み、筆者の知人のある参謀は「大統領府の参謀らは帰宅できないことが珍しくなかった」というほどの熱心さだった。しかし、文政権は「自分たちが掲げる政策がすべて正義だ」と捉え、それ以外の経済政策は非民主的というレッテルを貼った。これが文政権の大きな問題点であったといえる。

文政権が誕生して間もない２０１７年６月、当時の韓国公正取引委員会委員長であった金尚祚（キム・サンゾ）氏に対して、ソウル外信記者クラブの記者会見の場で「日本には大谷翔平という優れた二刀流がいますが――」という筆者の質問に、金委員長は「韓国経済については財閥改革と経済成長を二刀流のように達成できる」と強調した。しかし実際の金氏は、財閥改革はおろか、経済をマイナス成長に陥れた。だがその後、金氏は大統領府の要職である政策室長に抜擢された。また、文政権における経済政策ブレーンの1人である張夏成（ジャン・ハスン）前大統領府政策室長は「所得主導成長」と「公正経済」を標榜し、文政権の経済政策を主導。だが、国民の反発を買い、政策の舵を切る結果となった。こうした経済政策の失敗にも関わらず、張氏もその後に中国大使という要職を務めた。こうした成果とリンクしない人事も文政権の特徴であった。

そして専門家らによると、文政権の経済政策は「非常にアマチュア的かつ感情的な側面が強い」と指摘されている。例えば、日本政府が韓国に対し半導体関連素材（フッ化水素、レジスト、フッ化ポリイミド）3品目の輸出管理を厳格化した際、文政権は官民を挙げて3品目の国産化に邁進。韓国政府と国会は「半導体素材・部品・装置産業の競争力強化の特別措置法（素部装特措法）」を立法し、2020年4月に施行した。そして、文大統領は参謀から高純度フッ化水素を韓国で国産化することに成功したという報告を受け、大手半導体メーカーを訪れて大々的に祝った。だが、その国産化された半導体材料メーカーの高純度フッ化水素は、実は日本から原料を輸入して精製する、つまり再加工したものにすぎなかった。「世界に通用する装置や材料は、短期間で開発できるものではない」というシンプルなことも知らず、国民の反日感情を煽った文氏の一連の行動こそ「経済音痴」の最たるものだったといえるだろう。

日本政府による半導体関連素材３品目の輸出管理の厳格化には、２０１８年に韓国の最高裁にあたる大法院が日本企業に対し、元徴用工への賠償金の支払いを命じる判決を下したことも背景にあるといわれている（日本側は別問題と説明している）。その後、企業に対して韓国の地方裁判所から資産売却の命令が出されたが、大法院は最終判断を現在も見送っている。一説には、大法院は韓日関係の悪化を懸念して判断を先送りしているといわれているが、仮に資産売却の命令が出た場合、日本から輸入する戦略物資83品目の広範囲で輸出管理が厳格化される可能性がある。そして戦略物資83品目のなかには、電子デバイス関連のものが最も多く、半導体メーカーのみならず、ＬＧエナジーソリューション、サムスンＳＤＩ、ＳＫオンなど韓国が半導体と同様に力を入れる電池分野のメーカーにも影響する。韓国は日本からコアとなる装置・材料を輸入し半導体などを製造しており、日韓関係が悪化すると、政治だけでなく、経済にも大きな影響を与える可能性を常に孕んでいるのだ。

韓国トップ企業のサムスングループにおいて、現在トップを務めているのが、李在鎔（イ・ジェヨン）氏だ。李氏は2016年に、韓国社会を大きく揺るがした、いわゆる「チェ・スンシル スキャンダル」に連累して1年余り服役。2018年2月に釈放されて復権し、経営現場に戻った。

しかし2020年9月、李氏は1年9カ月間の検察捜査を経て起訴された。これによりサムスンを巡る長くて熾烈な裁判が再びスタートした。ソウル中央地検経済犯罪刑事部は、李氏とサムスンの高位幹部（10人）らがサムスングループの経営権世襲のために組織的に働きかけて、その過程で不法行為を行ったと判断。地検が起訴した内容として、李氏に資本市場法の違反（株価操作および相場操縦）、業務上の背任、外部監査法の違反など3つの嫌疑をかけた。地検が訴状に明記した李氏の犯罪事実については16項目にも及んだ。

地検は「サムスンは最小費用による経営権の承継（世襲）と支配力の強化というオーナーの私益のために、サムスングループ未来戦略室の指示で合併を実行し、投資者の利益を無視した」と指摘し、李氏とサムスングループは、15年に経営権の世襲のために、系列会社の第一毛織とサムスン物産の合併を組織的に進め、その過程で株価操作や子会社の粉飾会計などを行ったと判断した。李氏は当時、第一毛織の筆頭株主であったが、サムスン物産には持ち分がなかった。それにもかかわらず両社の合併後、経営の支配力を高めるために不法行為を行ったという趣旨だ。結果、贈賄や横領などの罪で2021年1月に懲役2年6カ月が言い渡され、李氏は再び収監され、同年8月に仮釈

韓国において日本からの輸入比率が高い主な製品

分野	品目数	主要品目
半導体・FPD	37	フォトレジスト、シリコンウエハー、素子分析器、メモリーテスター、TFT-LCD用シリコンラバーシートなど
石油化学	8	炭素繊維、トルエン、キシレン、フッ化アンモニウム、フッ化ナトリウム、炭化水素のハロゲン化誘導体など
工作機械	7	金属加工用のマシニングセンター、数値制御式の金属加工用旋盤、数値制御式の研削機など
鉄鋼	7	ステンレス鋼、特殊鋼製ブルームや平板圧延製品の線・管など
鉱物	6	銀製の中間財、ニッケル粉、タングステンとその製品、モリブデンバーとその製品、コバルトなど
プラスチック	4	アクリル樹脂材料、ポリエステル材料、アクリル材料など
電池	1	セパレーター
その他	13	チタニウム触媒、産業用ロボット、デジタルカメラなど

（出典：韓国貿易協会など）

放された。

トップが一度ならず二度も収監されているサムスングループであるが、「韓国を代表する企業」「韓国の若者が最も入社を希望する企業」「韓国の大黒柱産業であるメモリー半導体の世界トップ企業」など、韓国においてサムスンを称える言葉は書き切れないほど多く、韓国経済の牽引役であることは間違いない。

しかし、文政権をはじめ、歴代の大統領のなかには、サムスンを名指しして「悪徳企業」というレッテルを貼る者も少なくない。サムスンを称える言葉は書ききれないほどあると述べたが、そうした存在はやっかみの対象にもなりやすく、悪者とも捉えるものも少なくはない。そんな悪者を倒すというアクションは民衆からの支持が得られる。それが韓国最強のサムスンであればなおさらだ。こうした背景があり、大統領のなかにサムスンを攻撃するものが出てくるというわけだ。

だが、実際に政権を取って国家を運営していくと、サムスンをはじめとした大手財閥の協力なしでは経済成長は難しいことに否応なしに気づかされる。韓国は朝鮮戦争後、「豊かになる」ことをひたすら目指した。そして豊かさを目指した経済成長には、国家の主導による大手財閥を中心とした輸出産業の発展が不可欠で、そうした政経癒着の歴史が韓国型財閥というモンスターを作り上げてしまった。その結果、韓国の歴代政権は、財閥改革という名ばかりの政策を推し進めては、常に失敗に終わっている。

第3章

韓国財閥　快進撃の功績

■サムスングループは450兆ウォンの投資を推進、源流に日本が影響

李秉喆（イ・ビョンチョル）氏が創設したサムスングループは、いまや韓国の代表的な財閥となり、同氏が成し遂げた功績は「サムスン神話」ともいうべき存在となっている。

李氏は1938年、28歳のときに資本金3万ウォンと銀行資金20万ウォンで「三星商会」を韓国南東部の大邱に設立した。李氏は早稲田大学に留学した経験があることで知られる。当時の社会環境下で日本へ留学していたことだけを取り上げても、相当の才能と家柄を併せ持っていたことが見てとれるだろう。そして李氏はいち早く近代化した日本と実用主義的な日本社会を鵜の目鷹の目で観察・吸収し、様々な形でサムスングループへ移植する。サムスンの源流は日本から始まったといえるほど、その影響は大きい。

それまでの韓国（李氏朝鮮）は、数百年にわたる儒教思想に基づいた「士農工商」システムであった。士農工商は、日本では江戸時代の身分制度を指し、社会を構成した主要な身分である武士、農民、職人、商人を意味する（日本や中国では四民ともいわれる）。そして、儒教思想の根強い李氏朝鮮では商人、つまり商いを軽視する傾向が強かった。それを表すことわざとして「両班（ヤンバン、李氏朝鮮の支配階級を担う身分）は餓死しても物乞いはしない」というものがあるほど、面子を重んじる社会でもあった。そうした、現代から見れば不合理ともいえる社会を変えるべく、李氏

は「技術報国」（技術で国家に貢献する）という一念をもってサムスンを創立し、豊かな国を夢見たのであろう。

そうして李氏が設立したサムスングループは、２０２３年末時点で系列会社63社を抱え、資産総額約５６６兆ウォン、総売上高約３５９兆ウォン、純利益43兆５０７０億ウォンという、韓国だけでなく、グローバルで名立たる企業となった。半導体やスマートフォン（スマホ）などを展開するサムスン電子や、電池領域に強みを持つサムスンＳＤＩなどグローバルで高いシェアを持つ企業のほか、韓国最大の半導体・ディスプレー製造装置メーカーであるＳＥＭＥＳ、バイオ医薬品を手がけるサムスンバイオロジックスなど、幅広い企業群を抱える。

グループの代表企業であるサムスン電子は、１９６９年1月に三星電子工業として創業された。そして１９６９年12月に三洋電機と合弁で三星三洋電機を設立した。創設者である李秉喆氏が日本から大きな影響を受けたと述べたが、グループの代表企業であるサムスン電子の初期段階でも日本との関わりがあったことは決して偶然ではないだろう。

そんなサムスン電子が飛躍することとなった契機の1つが、2代目の会長である李健熙（イ・ゴンヒ）氏が１９９3年6月に打ち出した「フランクフルトの新経営宣言」だ。

「オリンピックの１００m競走で1位と2位との差はわずか０・01秒に過ぎない。だが、１位と

2位の位置づけは極めて異なる。我々は現在、二流企業だ。このままだと三流、四流に低落する」。

これが、独フランクフルトにて、李健熙氏がサムスングループの主要経営陣を集めて放った言葉だ。李健熙氏の目標は非常に明確であった。グローバルトップに向けて、超一流企業、超一流製品を目指すということだ。しかし、当時のサムスン電子がこれを実践するためには、体制を根幹から完全に変えなければならない。では、どう変えたのか。その答えが「顧客満足経営」である。価格から納期、アフターサービスなどすべての分野で顧客を満足させることを目指した。

そのなかで「サムスン新経営のマスタープラン」が作成され、「1社1品目」という戦略へと発展していく。そしてサムスングループの発展の命運を握る製品として、テレビ、無線電話機、DRAM（Dynamic Random Access Memory）やNANDフラッシュメモリー、積層セラミックコンデンサー、ブラウン管、2次電池など10製品が選定され、徹底的に取り組んだ。その結果、DRAMでは、1994年8月に256M品、1996年8月に1G品を世界で初めて開発した。そのほか、1995年8月にはCDMA（符号分割多元接続）方式のデジタル携帯電話を業界で初めて実用化。同じく1995年にはTFT液晶で世界トップシェアを獲得し、業界で初めてデジタルテレビの量産も開始した。

また、グローバルトップの実現には、サムスン電子だけでなく、協力企業や代理店の成長も必須と考えた李健熙氏は、構築した経営の哲学を共有すべく、１９９４年から協力企業の経営者７０００人、代理店関係者1万１０００人が参加する新経営セミナーも開始した。そのなかで特徴的なものが、世界各地域の専門家を育成する取り組みだ。グローバルでトップを取るためには、当然のことながら韓国だけでなく世界が相手となる。そのなかで、各地域に関する深い知見を持つサムスングループの関係者がその地域に先発メンバーとして派遣され、各国の主要都市で生活をしながら、人的ネットワークの構築や市場動向の調査などを行い、その体験や報告をもとに製品開発に活かすというものだ。

当然ながら、こうした施策は直接的な売り上げにはつながらず、かつ巨額の先行費用を必要とする。先発メンバー1人あたりの給与や各地域での滞在費用は、現在の日本円換算で５５００万円以上に上る。しかもサムスンは毎年２００人以上を派遣していた。つまり、直接的な売り上げにつながらない先行投資に１１０億円以上の費用をかけたことになる。これだけの費用をかけて成果を生み出さなければ世紀の愚策となっていたが、現状のサムスングループの地位をみれば、そう呼ぶものは誰もおらず、「サムスン神話」の1つとなっている。

そして現在、サムスン電子は、不屈のチャレンジ精神とイノベーションを通して、さらなる成長に取り組んでいる。その1つとして、半導体、ＡＩ、次世代通信など未来新事業を中心に研究開発を強化する方針だ。また、家電やスマホなどを扱うＤＸ（デバイス・エクスペリエンス）部門においても事業分野の間のシナジーを拡大し、未来への新たな成長ドライバーとなる技術や製品を育成すべく研究開発に注力。特に多種多様な機器の連結性と使用性を最大化するために取り組みを強化しているのが「ＳｍａｒｔＴｈｉｎｇｓ」だ。スマホ、タブレット、スマートウオッチ、スマートテレビなどを集中監視ならびに制御できるアプリケーションソフトで、顧客にスーパーコネクテッド経験を提供するサムスン電子のニューバリューとビジョンでもある。また、さらに進化したＳｍａｒｔＴｈｉｎｇｓでは、顧客のコネクテッド経験が家の中から家の外まで拡張され、新たな経験を体感できるイノベーションにつながると期待されている。

サムスン電子は、２０２２～２０２６年の５年間で、半導体やバイオ、ＩＴの新領域などに４５０兆ウォン（うち韓国国内には３６０兆ウォン）を投じる方針を打ち出している。半導体においては、世界シェアトップであるメモリー領域での差をさらに広げ、韓国を「半導体の超強国」に押し上げ、国家の経済発展に貢献することを目指す。そして第４次産業革命のコア技術である半導体産業において、韓国半導体の存在感をさらに強めていく。そのために、微細化プロセスの限界が克服できる新素材・新構造に対するＲ＆Ｄを強化し、ＥＵＶ（極端紫外線）などの先端技術も積極的に取り入れながら、非メモリー領域でのシェア拡大を図り、未来１００年企業への飛躍を力強く

サムスン電子の業績

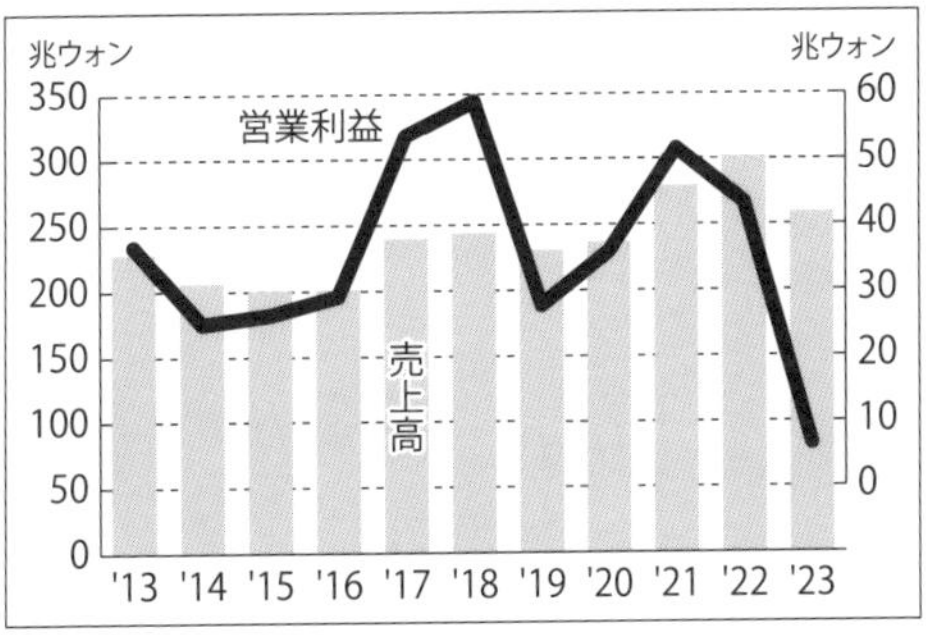

グローバルでの存在感をさらに高めていく

(写真は東京・渋谷のサムスン製スマホの広告。提供：サムスン電子)

推し進めていく戦略だ。

■198社を擁するSKは日本企業との合弁が起源、成長産業に巨額投資

SKグループは、朝鮮総督府時代の1939年に韓国・水原市で創業したことが始まりだ。織物を内地から輸入し満州へ輸出していた「鮮満綢緞」と、日本の「京都織物」の合弁企業「鮮京織物」がグループの起源である。日本の敗戦によって日本人経営者が離れ、現地の資産を放棄。そして朝鮮戦争を経た1953年に、鮮京織物の製造部長だった崔鍾建（チェ・ゾンコン）氏が工場設備を韓国政府から譲受し、1956年に法人化した。そして現在、4代目の会長である崔泰源（チェ・テウォン）氏による大胆なM&Aと大規模投資などにより、SKグループは韓国財閥ランキングで2位に位置するまでに成長した。

崔会長が実行したM&Aのうち、2012年に行ったハイニックス（現SKハイニックス）の買収は、「希代の神技」ともいわれている。当時のハイニックスはメモリー業界における熾烈な価格競争によって業績が急降下していた時期で、日本ではエルピーダメモリ（2012年に経営破綻）もその影響を受けた。そうした状況下において、崔会長はハイニックスの買収を決定した。「ハイニックスが中国企業に買収されないように、韓国政府がSKグループに託した」（ソウル証券街筋）と

の見方もあるが、結果的には、３・４兆ウォンのＣＤ（譲渡性預金）で買収したハイニックスが現在、44・６兆ウォン（22年実績）まで事業規模が拡大しており、崔会長が実行したＭ＆Ａにおける最大の成功例となった。崔会長は、ハイニックスの買収の前段階として、半導体分野の調査を２０１０年ごろから本格的に開始したとされ、半導体の専門家を多数招聘し、半導体産業の特徴、技術、市場動向などを徹底的に調査した。その一環として、日本のベテラン半導体専門アナリストや最古参半導体専門記者からもヒアリングを行い、ハイニックスの買収を決断。そして２０１２年２月にグループ会社のＳＫテレコムを通じて、ハイニックスの買収を電撃的に発表した。ハイニックスの買収によって、ＳＫグループのビジネスは、エネルギー・化学と通信を軸とした体系から、半導体も加えた三本柱の体系へと変貌する。つまり、ＳＫグループの安定性をさらに強固にする、グループの成長ドライバーとして半導体を選んだというわけだ。

ＳＫグループは現在、ＳＫハイニックス、ＳＫテレコム、ＳＫ証券など、先端産業分野をはじめ、化学、金融、建設など幅広い分野で事業を展開しており、その系列会社の数は２１９社（２０２４年時点）にのぼる。そして、資産総額は約３３４兆ウォン（同）、総売上高は約２００兆ウォン（２０２３年通期）、純利益は６５９０億ウォン（同）を誇る。

２０２４年におけるＳＫグループは、メモリー市況の復活に伴うＳＫハイニックスの好調などに支えられて、前年比で大幅な増収増益が見込まれている。そんなＳＫグループの経営戦略、言い換えれば崔会長の経営理念の１つに、世界最高の戦略書とも評される『孫子の兵法』に記された「以迂為直、以患為利」をベースにしたものがある。この漢文を訳すと「迂を以て直と為し、患を以て利と為す」ということになる。遠回りがかえって近道になり、マイナスが逆にプラスになるといった意味で、「急がば回れ」「ピンチはチャンス」といった要素が含まれている。つまり世界的に経済が停滞し、ウクライナや中東などにおける地政学リスクも高まっている現状をチャンスと捉えるべきとしたもので、実際、ＳＫグループは、こうした経済環境下で、グリーンエネルギー、半導体・材料、デジタル、バイオ分野を新たな成長領域と定め、多くのリソースを割いている。半導体、電池、バイオなどの分野においては、２０２２～２０２６年に総額２４７兆ウォン（約27・４兆円）を投じ、韓国国内だけで5万人の新規採用を計画している。

半導体分野のＳＫハイニックスでは、２０２２年12月に業界最速のサーバー向けＤＲＡＭ（Dynamic Random Access Memory）「ＤＤＲ5　ＭＣＲ　ＤＩＭＭ」を開発。ＭＣＲ　ＤＩＭＭは、最小8Ｇｂｐｓのデータレートで動作することが確認されており、既存のＤＤＲ5製品に比べて少なくとも80％強の高速を実現している。ＳＫハイニックスは、ＨＢＭ（High Bandwidth Memory、高帯域幅メモリー）の需要増により、２０２３年４～６月期におけるグローバルでのＤＲＡＭシェアが30％を超えており、同年８月には新規格のＨＢＭ３Ｅも開発し、性能検証のために大口取引先であるエヌビディアへサンプルを提供。２０２４年９月末から同社に本格供給を開始している。

電池事業を担うＳＫオンは、米国での事業展開を加速している。その１つとして、自動車大手のフォードと連携し、車載用リチウムイオン電池（ＬｉＢ）合弁会社「ブルーオーバルＳＫ」を２０２２年７月に設立。ブルーオーバルＳＫは10兆２０００億ウォン（約１兆１３３３億円）の投資を計画している。具体的には、米テネシー州の１カ所、米ケンタッキー州で２カ所の拠点整備を計画しており、完成時における同社の年産能力は１２９ＧＷｈに達する見通しだ。これはフォードのピックアップＥＶ（１台あたり１０５ｋＷｈのＬｉＢを搭載）換算で約１２０万台に相当する。なお､ＳＫオンは現代自動車グループとも米ジョージア州で合弁工場の整備を計画している。ブルーオーバルＳＫならびに現代自動車との合弁工場は、ともに韓国装置メーカーの採用割合が非常に高く、ＬｉＢコア材料についても韓国メーカー製品を採用しており、韓国の装置・材料メーカーへの貢献度も非常に高い。

バイオ事業を担うＳＫバイオファームも躍進しており、２０２２年12月には同社の抗てんかん薬「セノバメイト」（Ｃｅｎｏｂａｍａｔｅ）がフランスにおける販売許可を取得。フランスを含めて欧州では、ドイツ、英国、イタリア、スペインなど15カ国で展開されており、今後の拡大も期待されている。ＳＫバイオファームは２０２１年７月〜２０２２年６月において米国と欧州向けに１億ドル分のセノバメイトを出荷。韓国の製薬会社が独自開発した製品で１億ドルの輸出実績を達成したのはＳＫバイオファームが初となった。また、バイオ医薬品会社であるＳＫバイオサイエンスは、ＣＧＴ（細胞・遺伝子治療剤）分野の取り組みを強化しており、ＣＧＴプラットフォームを保有するグローバルのＣＤＭＯ（医薬品受託製造）関連会社のＭ＆Ａおよび合弁会社の設立を視野に入れている。

日本企業との合弁会社から始まったＳＫグループの事業は、４代目会長である崔泰源会長が実行したハイニックスの買収による半導体ビジネスの成功により、韓国財閥ランキング２位にまで飛躍。２０２３年末時点で韓国財閥グループのうち最多となる２１９社の系列会社を抱え、半導体を筆頭とする先端産業のほか、バイオサイエンス、通信、化学、重工業、金融など多岐にわたって韓国の経済・産業界を牽引している。新たな施策も着々と進めており、半導体関連ではＳＫイノベーションの化学子会社であるＳＫジオセントリックが、総合化学メーカーの㈱トクヤマと提携して半導体洗浄材料市場へと参入するなど、ハイニックス買収に続く成功例の創出に取り組んでおり、ＡＩ、ビッグデータ、ＩｏＴなどに代表される第４次産業革命に向けた準備を着実に進めている。

崔泰源会長

（写真中央、提供：SK ハイニックス）

MCR　DIMM

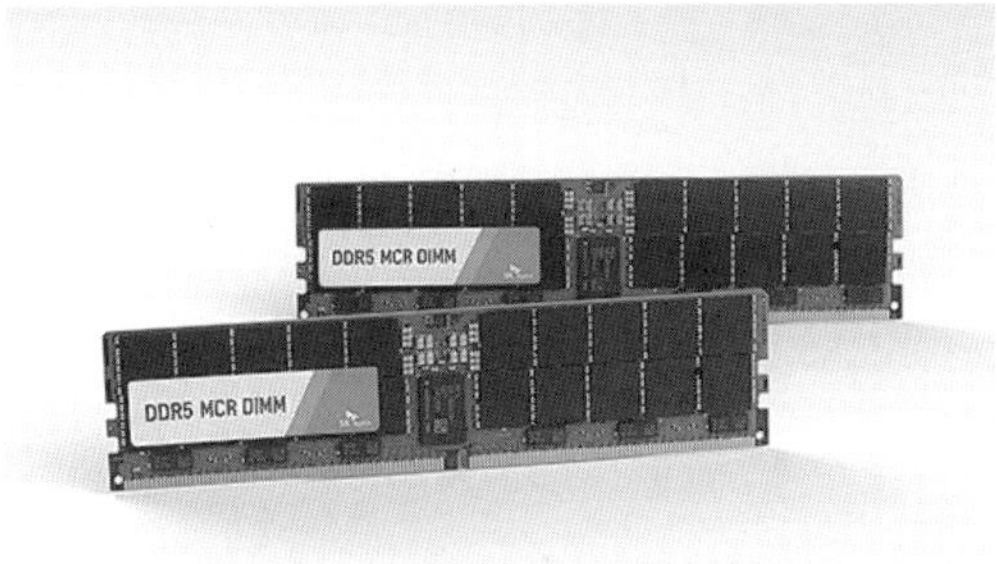

■品質経営の現代は韓国自動車最大手、蔚山にEV専用工場を建設

現代（ヒョンデ）グループは、「王子の乱」といわれた後継争いが２０００年に起こり、現代自動車グループ、現代百貨店グループ、現代グループ、現代重工業グループ、現代海上火災保険グループ、現代企業金融グループの６グループに分かれた。その後、現代企業金融が現代重工業グループの系列会社に吸収合併され、現在は５グループで構成される。

こうした現代グループのなかで代表格といえる現代自動車グループは、資産総額が２８１兆ウォン（２０２３年末時点）に上り、系列会社70社の総売上高は２８５兆ウォン、純利益20・５兆ウォンを誇る（いずれも２０２３年通期基準）。サムスングループの世界規模での拡大や、ＳＫグループの急拡大が目立つが、現代自動車も着実に成長し、韓国財閥番付№３に位置する。こうした成長につながった理由の１つが、米国市場での拡大だ。２０００年代前半まで、米国の自動車市場における現代自動車のイメージは「東アジアの小国が作る安価の自動車」というものが強かった。

そのなかで「使い捨て自動車」といった皮肉も聞かれ、購入層も低所得者がメーンだった。こうしたブランドイメージを払拭するため、「品質経営」と呼ばれる取り組みを１９９９年から開始。その一環として「10年10万マイル保証」という自動車の保証期間を大幅に延ばす施策を打ち出した。当時の米国自動車業界では「２年２万４０００マイル保証」が一般的だったため、現代自動車の取

り組みはありえないともいえるものだった。しかし、当時の現代自動車トップであった鄭夢九（チョン・モング）氏は、強い意志で改革を推し進め、米国市場での販売増につなげた。

鄭夢九氏は社内改革にも乗り出し、それまで生産、営業、アフターサービスなど部門別に分かれていた品質関連のメンバーを集約し、品質総括本部を発足した。そして品質、研究開発、生産担当の幹部を集めて品質関連の会議を毎月開催し、「10年10万マイル保証」につながる品質向上を徹底的に進めた。こうした改革の成果によって、現代自動車グループ（現代自動車＋起亜自動車）は２００９年に米国で「今年最も注目されるブランド」にも選定され、２０２０年1月には米ビジネス雑誌のフォーチュンで「自動車業界の最強」とも称された。

自動車のイメージが強い現代グループであるが、実は半導体業界とも関わりが深い。その始まりは、１９８２年に現代財閥の創業者である鄭周永（チョン・ジュヨン）氏が米ＩＢＭを訪問したことにある。この訪問を機に半導体ビジネスへの参入を決めた鄭周永氏に対して、参謀幹部は半導体事業に対する様々なリスクを鑑みて反対意見を述べた。しかし、鄭周永氏は怒気を含んだ口調で参謀幹部を説得したとされる。

韓国経済界において「経営の神様」とも評価される鄭周永氏が、半導体市場への参入を決めた背景には、ＩＢＭへの訪問に加え、パナソニックグループ創業者である松下幸之助氏や全斗煥（チョン・ドゥファン）大統領からの提言もあったとされ、そしてなにより1970年代から韓国トップ企業の座を巡って常に競い合い、半導体ビジネスに本格的に取り組み始めたサムスン（1980年にサムスン半導体を設立）への強烈なライバル意識もあった。そして鄭周永氏は現代電子産業を1983年に設立し、半導体ビジネスをスタートさせた。しかし、1990年代後半における韓国のIMF金融危機と半導体不況を受け、現代電子はLGセミコンとの合併などを経て、2001年にハイニックスセミコンダクターとなった。さらに、ハイニックスセミコンダクターは、2012年にSKグループよって買収され、現在のSKハイニックスが設立された。

この結果だけ見れば、半導体ビジネスへの参入は決して成功とはいえないだろう。だが、「腐った橋も渡ってみる」ともいうべき、リスクを全く恐れないビジネススタイルこそが鄭周永氏の最大の特徴である。半導体産業は変動が激しいにもかかわらず、大規模な投資を継続的に行う必要がある。つまり、リスクを伴う判断を常に行う必要があり、鄭周永氏にみられるような大胆かつスピーディーな経営判断こそ、韓国の半導体産業が拡大できた理由でもある。

しかし、そうしたカリスマが去ったあとの企業には概して問題が起こりやすい。現代グループでも鄭周永氏の後継者の座を巡って、冒頭に述べた「王子の乱」といわれた後継争いが起こり、五男の夢憲氏が勝利した。だが、北朝鮮への不法送金5億ドルを巡る疑惑が2003年に起こり、検察による捜査中に夢憲氏は現代グループ社屋（ソウル市北村路）の12階から飛び降り、この世を去った。リスクをとることを恐れず、前に進み続け、立志伝中の人であった鄭氏は、夢憲氏の最期の決断をどのように思うのだろうか。その答えは誰にも分からないが、半導体事業への参画に後ろ向きの姿勢をとった参謀幹部と向き合ったときのように、怒気を含んだ言葉を飛ばしたに違いない。

現在、現代自動車はＥＶの取り組みを積極的に進めている。その１つとして韓国東南部の蔚山（ウルサン）に年産20万台規模のＥＶ専用工場を建設している。２０２５年に完成し、２０２６年１～３月期から本格量産に踏み切る計画だ。投資額は２兆ウォン（約２２２２億円）を予定しており、韓国国内におけるＥＶ関連のエコシステムの構築を推し進める。３代目の鄭義宣（チョン・ウィソン）現代自動車代表取締役会長は、２０２３年11月13日の起工式にて「先代らが世界に通用するクルマを作ろうとした夢が、今日の自動車工業都市・蔚山を作り上げた。我々はＥＶ専用工場の建設を皮切りに、蔚山が電動化の時代を牽引する核心モビリティー都市になるように邁進していきたい」と意気込んだ。

１９６８年に自動車の組立工場からスタートした蔚山工場は、現代自動車の自動車生産の中核拠点であり、同社がグローバル自動車ランキングで３位へ躍進できた土台の役割を果たしている。

新工場は、１９８０年代から同社が全世界の多様な地形と気候に耐えられる自動車開発向けに利

現代自動車の中長期投資

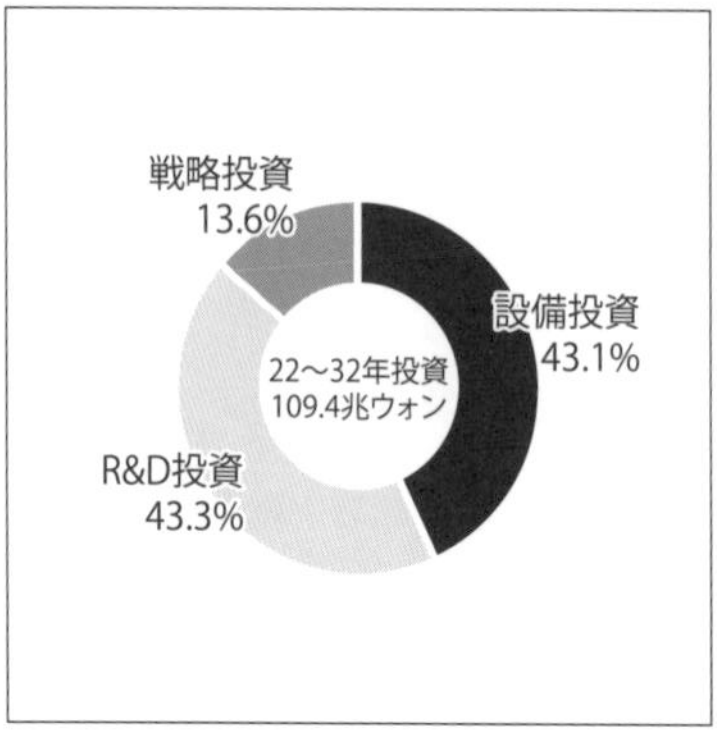

蔚山 EV 専用工場起工式の様子

（右から５番目が鄭義宣会長、写真提供：現代自動車）

EVの取り組みを強化

（写真は現代自動車の「IONIQ5」）

用してきた「総合走行試験場」の敷地内に建設され、現代自動車の「シンガポール・グローバル・イノベーションセンター」（ＨＭＧＩＣＳ）で実証・開発した製造革新プラットフォームを採用する予定。ＨＭＧＩＣＳのプラットフォームには、ＡＩをベースにした知能型コントロールシステム、カーボンニュートラルや再生可能エネルギーのみでの稼働に向けた製造工程、安全で効率的な作業が可能なヒューマニティー設備などが含まれている。さらに、生産車種の多様化とグローバル市場の変化に対応できる柔軟な生産システムを目指す。

１９４０年代に大日本帝国朝鮮江原道通川郡から京城（当時のソウル）に移住した創業者の鄭周永氏。父親の牛３頭を売った代金を元手に事業を始め、３代目で世界に通用する自動車メーカーとなった。そんな鄭周永氏のＤＮＡが脈々と受け継がれる現代自動車は、前述のＥＶ新工場を含め２０２３〜２０３２年の10年間で１０９・４兆ウォン（約12・１兆円）

を投じる戦略を打ち出しており、次世代のコネクテッドカー時代を切り開くべく、さらなる挑戦を続けていく。

■企業家精神が高いLG、国内大型投資でAIやバイオなどを強化

韓国財閥ランキング第4位に位置するLGグループ。事業規模は、売上高が135兆ウォン、純利益が2兆1410億ウォン（いずれも2023年通期実績）に上り、LG電子やLG化学など系列会社60社を抱え、資産総額は177兆ウォン（2023年末基準）を誇る。

LGグループの起源は、韓国慶尚南道晋州（ジンジュ）で1931年にスタートした「具仁会商店」にある。創業者の具仁会（グ・インフェ）氏は、1907（明治40）年に慶尚南道晋陽郡で生まれ、小学校時代にはサムスングループ創業者の李秉喆（イ・ビョンチョル）氏と同じ学校にいたこともある。厳しい朝鮮儒教の家柄で長男でもあった具氏。起業を目指す具氏に対して祖父や父親の反対は凄まじいものであったと言われているが、具氏の心は折れず、資本金3800ウォンをもとに事業を開始した。

その後、1947年に楽喜（ラッキー）化学工業所（現LG化学）、1958年には金星社（現LGエレクトロニクス）を創業した。そして両社が統合し「ラッキー金星グループ」が誕生。「ラッ

キー」（Ｌｕｃｋｙ）の頭文字である「Ｌ」と、「金星」の韓国語ローマ字である「Ｇｅｕｍｓｅｏｎｇ」ならびに海外市場向け電化製品の商標であった「ＧＯＬＤＳＴＡＲ」の頭文字である「Ｇ」をとってＬＧグループとなった。こうして始まったＬＧグループの歴史を見る際に欠かせない人物がいる。のちにＬＧ建設やＬＧ電線会長などを歴任する許準九（ホ・ジュング）氏だ。具氏は１９４６年、日本留学から戻ってきた許氏をビジネスパートナーとして迎え入れ、そこから二人三脚でＬＧグループの発展に長年尽力した。２００２年に許氏は他界したが、両家の子孫は先代の精神を守り続けている。

１９９９年9月、蘭フィリップス社がＬＧ電子へ16億ドルを投じ、液晶パネルの合弁会社「ＬＧフィリップスＬＣＤ」（現ＬＧディスプレー）を設立した。フィリップスの元会長は当時、合弁パートナーとしてＬＧグループを選んだ理由について「韓国において液晶工場への投資を行うパートナーを選定するなか、ＬＧグループの具氏と許氏が50年間以上のパートナーとして、衝突も起こさずに協力して経営していることに感銘を受けた」と述懐する。フィリップスとの合弁当時のＬＧグループ会長である具本茂（グ・ボンム）氏は「仕事におけるパートナーシップは結婚と似ている。考え方や育ってきた環境が全く異なる男女が同居するときのように、仕事におけるパートナーも互いを信頼し、譲り合いや思いやりを忘れてはならない」と語った。

ＬＧグループの歴史において数多くの合弁会社が登場するが、そうした合弁会社において大きな不協和音はこれまで1つもない。また、他の韓国財閥にみられるような金銭スキャンダルやオーナーの逮捕などは、ＬＧグループにおいて一度も起こっていない。そのため現在、ＬＧグループは韓国における企業家精神の手本として高く評価されつつある。

創業者同士が同じ小学校に在籍していたという縁を持つＬＧグループとサムスングループは、韓国エレクトロニクス業界トップの座を巡り競争を続けてきた関係でもある。しかし近年、両社は有機ＥＬテレビの領域で協力関係を構築している。その一環として２０２３年9月、サムスン電子がＬＧディスプレー製の83型有機ＥＬパネルの採用を決めた。有機ＥＬテレビのグローバル市場の攻略を急ぐなか、サムスンディスプレーのＱＤ－ＯＬＥＤ（量子ドット有機ＥＬ）パネルの生産能力が拡大できていないサムスン電子と、需要鈍化の解消や収益性の改善を進めるＬＧディスプレーの利害関係が一致した結果であるとみられるが、長い間、韓国経済界における宿敵関係であった両社の連携は大きな驚きをもって受け止められた。

ＬＧグループの4代目会長である具光謨（グ・グァンモ）氏は、２０１８年の会長就任以降、こうした従来では考えられなかった連携などにも取り組み、グループの事業規模を一時、１９０兆ウォン（約21兆円）にまで伸ばした。その成長のなかで事業の選択と集中によって電池や電装品分野を強化しつつ、非主力事業や不振事業を整理することで、好循環を生み出している。不振事業の整理において、スマートフォン事業からの撤退は英断と評価されている。また、LGディスプレーの照明用有機EL事業や、LGユープラスの電子決済事業、LG化学の偏光板事業などを整理・売却したことも、LGグループの経営体質の強化につながっている。

こうした改革を進めるなか、具会長は2023年3月に韓国青瓦台・迎賓館にて「向こう5年間で韓国国内に54兆ウォン（約6兆円）を投じる」と発表。従来の枠に捉われない具会長の次なる戦略に韓国中が注目するなか、具会長が成長ドライバーとして挙げるのが、AI、バイオ、クリーンテック（環境負荷が低い輸送手段、代替エネルギー、水資源の保全や再利用、廃棄物削減などを促す事業など）だ。AI分野では最高レベルのAIとビッグデータ技術を確保し、大規模なR&Dを推進するために、2023〜2027年に3兆6000億ウォン（約4000億円）を投じる計画だ。LGグループのAI専門研究院（ソウル市麻谷洞）を中心に、超巨大AI「EXAONE」などといったAIの研究開発に集中。超巨大AIは、大容量の演算が可能なコンピューティング・インフラストラクチャーをベースに大量のデータを自らが学習し、まるで人間のように思考、学習、判断できるAIを意味し、こうした技術を活用してグループ会社が抱える課題の解決をサポートする。

4代目LGグループ具会長の「選択と集中」

選択と集中
車載用照明会社のZKW（オーストリア）買収
LG電子の電装ビジネスへの投資
LGESの韓国証券市場への上場(IPO)
AI専門研究院の設立、AI技術開発を推進
LG化学による米バイオ医薬品のアベオ(AVEO)買収

果敢な構造改革
LGDの照明用有機EL事業撤退
LGユープラスの電子決済事業撤退
LG化学の偏光板事業を中国企業に売却
LG電子の携帯電話事業撤退

LGエレクトロニクスの97型有機ＥＬテレビ

（写真提供：LG電子）

スマートフォン事業からの撤退など選択と集中を加速

ＡＩ専門研究院は、個人にマッチした抗がんワクチンの新抗原、次世代電池であるリチウム硫黄バッテリー向けの電解質、次世代有機ＥＬの高効率発光材料を開発するＡＩモデルの開発も行っており、ＡＩの技術開発にグループの総力を挙げている。

バイオ分野では、細胞治療といった最新技術を活かした新薬開発を積極的に実施。クリーンテックでは、グループ全体でカーボンニュートラルの達成を目指すとともに、バイオ素材のエコプラスチックをはじめ、廃プラスチックや廃バッテリーのリユースや再生可能エネルギー基盤の炭素低減技術の強化などへ投資している。韓国南西部地方の小さな町で始まったＬＧグループ。エレクトロニクス製品などではグローバルで存在感を発揮するが、今後は注力するＡＩ、バイオ、クリーンテックを含め、幅広い分野でグローバル企業へと飛躍すべく、事業に邁進する。

■鉄鋼業が主力のポスコは電池事業を拡大、原料やリサイクルも強化

「閣下。小生、朴泰俊、閣下の尊命を受けてから25年ぶりにポスコ建設という大役を成功裏に完成し、謹んで閣下の霊前に報告します」。ポスコグループの創立者である朴泰俊（パク・テジュン、1927～2011年没）氏は1992年、まるで主君と家臣のような仕草で、ソウル市銅雀区国立墓地にある朴正煕（パク・チョンヒ）元大統領の墓の前に立ち、前述のように述べた。

朴泰俊氏は、1945年に早稲田大学に入学するも、日本の敗戦で中退。1947年に南朝鮮警備士官学校（後の陸軍士官学校）の講義室で、師となる当時教官大尉だった朴正煕氏に出会った。そしてポスコ（旧浦項製鉄）は、1965年の日韓基本条約に基づいた日本のODA（政府開発援助）などをベースに、朴正煕大統領の命を受けて朴泰俊氏が1968年に設立した総合製鉄会社である。

朴大統領は経済復興を進める際に、基幹産業に関する土地やインフラを払い下げるかたちで当時の財閥らを支援。また、金融や税制面での支援も惜しまなかった。その最も象徴的なものがポスコである。ポスコは現在、47社のグループ会社を抱え、韓国財閥ランキングで第5位に位置し、売上高は93兆6110億ウォン（約10・4兆円、2023年実績）、資産総額は136兆ウォンを誇る。

鉄鋼業を主力とするポスコであるが、近年は環境事業の一環として、リチウムイオン電池（LiB）

用材料の事業なども手がけるなど、事業の範囲を拡大している。

１９６０年代まで軽工業国家であった韓国は、朴大統領の経済開発計画に従い、１９７０年代から重工業を本格的に育成するための基礎づくりに取り組んだ。そして代表例が、ポスコによって１９７３年に操業を開始した浦項製鉄所の建設である。朴大統領は第2次経済開発5カ年計画（１９６７～１９７１年）を準備するなか、基幹産業として鉄鋼産業が不可欠と認識していた。しかし、当時の韓国経済の規模では、国内の資金だけで総合製鉄所を建設することは不可能であった。実際、製鉄所を建設するために株式を公募した際に、目標額の33億ウォンに対して１３００万ウォン（目標額の０・４％）しか集まらなかったほどだ。そのため建設計画は無謀と猛反対され、米英仏などの先進国と国際金融機関などは「誇示用のプロパガンダに過ぎない」と評した。

だが１９６０年代後半当時、朝鮮戦争で荒廃した国土再建と北朝鮮に対抗するため、韓国政府は一貫製鉄所の建設計画を急いでいた。石炭と鉄鉱石に恵まれた北朝鮮には、日本統治下で建設された製鉄所が2カ所稼働していたことから、韓国にも〝鉄源〟が必要となっていた。このようななか、朴大統領は、韓国は日本からの借款で得た8億ドル（商業借款含む）のうち、約1億２０００万ドルを製鉄所の建設に割り当てた。具体的には、農水産分野への支援に使用される予定の資金を製鉄所の建設に転用した。そして１９７３年6月に完成した浦項製鉄所には、京釜高速道路（ソウル～

釜山）の建設費用の3倍に相当する費用が投じられた。そしてポスコは１９７３年に売上高１億ドル、純利益１２００万ドルを計上。鉄鋼業界において稼働初年度から利益を出した唯一の企業となった。そしてポスコは、日本の富士製鐵や八幡製鐵（いずれも現在の日本製鉄）、日本鋼管（現在のＪＦＥスチール）といった企業と技術支援契約を結び、事業スピードをさらに加速していった。

そうしたポスコの現在に目を移すと、電池関連の取り組みが目立っている。２０２４年はリチウムやニッケルといったＬｉＢの主要原材料の商業生産をはじめ、リサイクルの取り組みも加速し、ＬｉＢ領域での完全な循環システムの構築を目指す。リサイクルに関しては、グループ会社のポスコＨＹクリーンメタル（韓国・光陽市）において、リサイクル工場が２０２３年夏ごろに竣工。光陽市の栗村産業団地にある工場は、ブラックマス（ＬｉＢを熱処理したあとに得られる粉体。正極材に含まれるコバルト、ニッケル、リチウム、マンガン、アルミニウム、鉄、負極材の炭素などが含まれる）を年間1万２０００ｔ処理できる能力を有し、ニッケル２５００ｔ、コバルト８００ｔ、炭酸リチウム２５００ｔなど、ＬｉＢ向け材料の原材料となる金属資源を回収できる。

同じくポスコグループの「ポスコピルバラリチウムソリューション」（韓国・光陽市）では、水酸化リチウムの工場が２０２３年末に竣工した。同社は、鉱石原料からリチウムを抽出する独自技術を開発し、これまで韓国における需要の全量を海外からの輸入に依存していた水酸化リチウムの国産化に成功した。ポスコグループは、事業成長における牽引役の１つにＬｉＢ用材料事業を据えており、その主要原材料を韓国国内で商業生産する体制が整備された。

また、ポスコグループとしては、アルゼンチンでリチウム塩湖からリチウムを生産する工場（年産２万５０００ｔ）の整備も進めており、２０２４年前半に第１期の工事が完了する。ポスコは、ＬｉＢ正極材の主要素材であるリチウムを確保するため、アルゼンチンのオンブレ・ムエルト塩湖の採掘権を２０１８年に取得。第２期、第３期、第４期の工事も計画されており、２０２７年ごろにはアルゼンチンにおける年産10万ｔ規模の生産体制を構築する考えだ。

前述のような取り組みを通じて、ポスコはリチウムをはじめとするＬｉＢ用原材料の生産体制を拡大し、２０３０年までにＬｉＢ関連事業で売上高62兆ウォン（約６・９兆円）の達成を目指している。原材料別にみると、リチウムの年間生産能力を２０３０年に42万３０００ｔ（売上高13・6兆ウォン）、高純度ニッケルを24万ｔ（同３・８兆ウォン）、リサイクル事業を通したリチウム、ニッケル、コバルトなどを7万ｔ（同２・２兆ウォン）、正極材を１００万ｔ（同36・２兆ウォン）、負極材を37万ｔ（同５・２兆ウォン）、次世代材料を９４００ｔの規模に引き上げることを計画している。

この目標の達成に向けてポスコは、２０２３～２０２５年においてグループ投資額の46％をＬｉ

ポスコホールディングスの業績

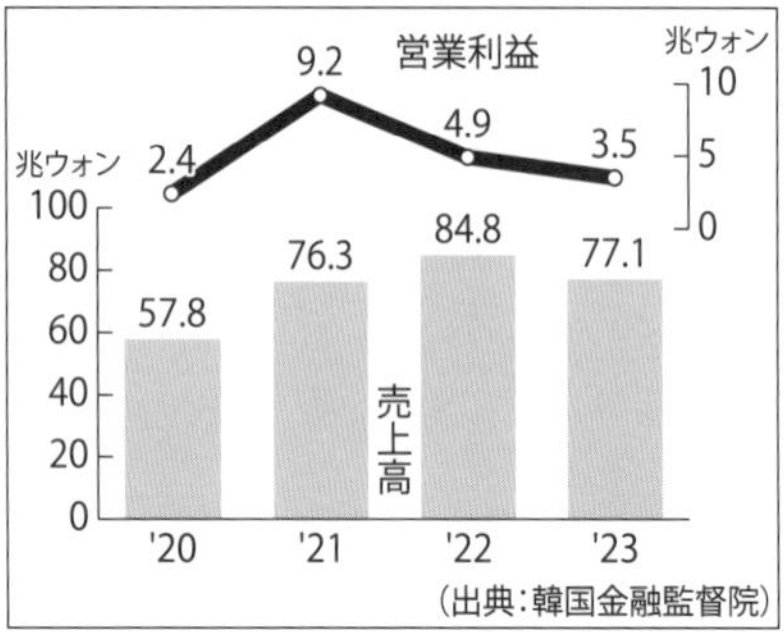

正極材工場の起工式

（22年4月韓国・浦項、写真提供：ポスコケミカル）

B向け材料の事業に充てる方針だ。そのうちニッケル事業は、経済性の確保が比較的に容易なインドネシアなどにおいて、製錬メーカーとの合弁や技術開発を通じて安定したサプライチェーンを構築し、米国のIRA（インフレ抑制法）などにも対応する戦略だ。正極材については韓国国内に投資を集中

オンブレ・ムエルト塩湖

（ポスコの発表資料より）

して競争力を高め、負極材については天然・人造黒鉛、シリコン系などといったすべての領域を手がける計画。次世代材料分野については、全固体電池向けの高容量負極材としてリチウム金属負極材の取り組みを進める。また、固体電解質についても、グループ会社のポスコＪＫソリッドソリューション（韓国・梁山市）での生産能力（２０２３年は年産24ｔ）を段階的に増強する計画だ。こうした取り組みを通じて、ポスコはＬｉＢ用材料を原料から手がけるトータルバリューチェーンを構築し、生産能力の拡大と高収益を両立するグローバルトップ企業への飛躍を夢見ている。

■日韓をつなぐロッテグループ、電池材料やバイオにも取り組む

１９４８年6月の東京・新宿。太平洋戦争末期の１９４５年に東京大空襲などで廃虚となった新宿のある小さな小屋で、

10人の従業員で㈱ロッテが船出した。創業者の辛格浩（日本名は重光武雄、1921〜2020年）氏は、日韓にまたがる巨大企業グループであるロッテを築き上げ、日本で最も経済的な成功を収めた在日韓国人ともいえる。そんな辛氏は一時期、文学の道を夢見ていた。そして若き時代に感銘を受けた青春小説『若きウェルテルの悩み』（青年ウェルテルが婚約者のいる女性シャルロッテに恋をし、叶わぬ思いに絶望して自殺するまでを描いた小説）に登場するシャルロッテの愛称であるロッテを社名にした。長年読者から愛されたシャルロッテのように、ロッテの製品も消費者から長く愛されることを願ったのであろう。

辛氏は、日本統治時代に朝鮮慶尚南道蔚山郡（現蔚山広域市）で生まれ、蔚山農業補習学校卒後の1941年に来日し、早稲田高等工学校化学科を卒業した。そして1944年、誠実かつ勤勉に牛乳配達する辛氏を評価した日本人の資本家が、5万円（現在の価値で約6000万円）を出資し、カッティング・オイル（切削油）のビジネスを提案。辛氏は5万円を元手に製造工場を建てた。しかし、戦争において2回の爆撃を受けて工場は全焼し、大規模な負債を抱えた。辛氏の親友は故郷へ帰ることを提案した。しかし辛氏はその提案を断り、負債の返済に向けて、東京杉並区の古い倉庫に「光特殊化学研究所」を1946年に開設。カッティング・オイルの知見を応用し、石鹸やポマード、化粧クリームなどを作製して、すべての負債を返済した。そこから辛氏は「私には化学製品を作れる技術がある。その技術を活用し、チューインガムづくりに賭けよう」と思い立ち、石鹸を作っていた釜などでガムを製造し、大きな成功を収めることとなる。そうした日本におけるビジネスの成功を土台にしてロッテ製菓を１９６７年に設立し、祖国である韓国の市場に本格参入した。そこから製菓業をベースに、ホテル、ショッピング、重化学工業分野にまでビジネスの範囲を広げ、１９７０年代末には韓国財閥でトップ10入りを果たした。そして現在、96社のグループ会社を抱え、売上高67兆６５１０億ウォン、資産総額約１２９兆ウォン（いずれも23年基準）を誇る。

２０１５年、ロッテグループに激震が走った。グループ総師である辛格浩会長の長男、辛東主（日本名は重光宏之）元ロッテホールディングス副会長が電撃解任されたのだ。これにより、辛東主氏はグループの後継争いから事実上脱落し、韓国におけるロッテ系列会社の経営を担っていた次男の辛東彬（日本名は重光昭夫）ロッテグループ会長に権限が集中し、日本における系列会社も辛東彬氏が管轄することとなった。辛東主氏の解任劇は、韓国財界にも大きな衝撃を与えた。また辞任ではなく、解任であったことも注目を集めた。その理由について、辛東彬氏は「兄の解任などは、父親が直接決定することで、自分はよく分からない」と答えている。だが当時、日本のロッテグループを辛東主氏、韓国のロッテグループを辛東彬氏が担う方針を辛格浩氏はとっていたなかで、辛東主氏が韓国ロッテ製菓の株を買い集め、持株比率を引き上げたことが分かり、辛格浩氏の怒りを買ったことが原因ではないかといわれている。一方で、単なる業績不振による人事という見方もある。辛東主氏が韓国ロッテ製菓の株を買い集めたとされる2013年ごろ、韓国のロッテグループは74社で83兆ウォンの売り上げを計上。他方で日本のロッテグループは37社で売上規模は5兆7000億ウォンと、日韓で事業の規模に大きな隔たりがあった。もしくは、日韓で複雑に絡みあうロッテグループの体制を再構築するため、辛東主氏を解任して、規模の大きい韓国ロッテグループに再編の主導権を持たせるという狙いもあったのかもしれない。

韓国では、サムスンや現代グループなどでも、経営体制を移管する際に、兄弟同士の骨肉の争いが起こった。例えば、サムスングループ2代目トップとなったのは長男の李孟熙氏ではなく、三男の李健熙氏であった。現代グループの場合は、2000年に起きた「王子の乱」と呼ばれる兄弟同士の熾烈な後継争いにより、グループ存廃の危機に陥ったことがある。ロッテグループにおける争いも、韓国財閥における必然の出来事だったのかもしれない。

直近の環境に目を移すと、世界経済の不安定さが拭いきれない状況にあるが、こうしたなかロッテグループは海外展開の強化と新事業の取り組みを加速する。辛東彬会長は、2023年後半に行ったグループ経営陣のVCM（バリュー・クリエーティブ・ミーティング、価値創出会議）において「韓国国内事業や従来事業ともに、海外事業および新ビジネスを持続的に進めていくべきだ」と強調し、新たな成長ドライバーの創出を経営陣に求めた。そんなロッテの新ビジネスの1つにロッテバイオロジックス（ソウル市松坡区）がある。同社は２０３０年までに韓国に30億ドル（約４４４０億円）を投じ、年産36万L規模の抗体医薬品製造工場3棟を建設する計画を進めている。エレクトロニクス関連も注力領域の1つであり、ロッテケミカル（ソウル市松坡区）は、韓国でトップクラスの銅箔メーカーであるイルジンマテリアルズの株式53・3％を2・7兆ウォンで２０２２年に取得し、グローバル展開を加速している。さらにロッテケミカルは、リチウムイオン電池の主要4部材（正極材、負極材、セパレーター、電解質）を手がけ、全固体電池やバナジウム・レドックスフロー電池向けの材料事業への展開も検討している。

創業者の辛格浩氏は、太平洋戦争と朝鮮戦争の両方を経験し、凄まじい逆境下においても化学製品に対する知見を武器に前へ進み続けた。そして現在、世界情勢が不安定ななか、そうした状況を乗り越えるための事業として、同じく化学品である電池材料に焦点が当たっていることは、奇妙な偶然という名の必然なのかもしれない。

ちなみに、ロッテグループが運営する数ある施設のなかに、韓国一の高さを誇る超高層タワー「ロッテワールドタワー」（ソウル市蚕室、高さ５５５ｍ、１２３階建て）がある。ソウル市内を一望でき、２０１７年の全面開業時に辛格浩氏も展望台などを訪れた。辛格浩氏は２０２０年に亡く

ロッテケミカルの電池材料事業

分野		製品
LiB	正極材	導電体、導電体溶媒、アルミニウム箔*
	負極材	導電体、人造黒鉛、銅箔*
	セパレーター	HDPE/PP*
	電解液	リチウム塩、有機溶媒*
全固体電池		負極用リチウム金属*、固体電解質*
バナジウム・レドックスフロー電池		バナジウム*、液体電極*

*事業化を計画・検討中

ソウル市蚕室はロッテワールドタワーをはじめ、遊園地やショッピングモールなどロッテ関連の施設が多数ある

ロッテワールドタワー内にある創業者のホログラム像

なったが、もし今、辛格浩氏がロッテワールドタワーに訪れたら、ソウル市内の景色、そしてロッテグループの未来がどのように見えるのか、ぜひ聞いてみたい。

■M&Aで事業拡大を続けるハンファグループ、近年は宇宙産業を牽引

太陽光発電関連事業をはじめとするグリーンエネルギー事業、セキュリティーソリューション事業、化学品、精密機器、鉄鋼など幅広い産業を展開するハンファグループ。創業者である金鍾喜（キム・ジョンヒ）氏は、朝鮮戦争下の1952年10月に資本金5億ウォンで釜山に韓国火薬を設立し、朝鮮戦争後はソウルに本拠地を移して、軍需・防衛産業や精密化学などへとビジネスを拡大していく。

金鍾喜氏は「いくら収益が高いといっても、私は砂糖などを輸入しない。そのためのドルがあれば火薬を買い入れる」と述べたことがある。１９６６年ごろにサムスングループがサッカリン（人工甘味料の１つ）や砂糖などを日本から密輸して物議を醸したことを意識した発言だと思われる。

そんな金鍾喜氏は、現在の朝鮮民主主義人民共和国江原道元山商業学校を卒業したあと、朝鮮火薬会社に入社し、火薬に関する知見を深めていった。そして火薬産業で戦後の国家再建と社会発展を目指し、韓国火薬を創立した。そのなかでダイナマイトの国産化に取り組み、作製されたダイナマイトは京釜（ソウル～釜山）高速道路や鉄道などのインフラ工事における岩石の破砕作業などに活用され、国家の再建や経済発展の礎を築くなかで大きな役割を果たし、金鍾喜氏は「ダイナマイトキム」として世の中に知られることとなった。一方で、80年代に韓国民主化運動を弾圧する武器としてハンファが作製した催涙弾が使用されるなど、韓国史における重要な項目にハンファが関わっていることは少なくない。

そのハンファグループ最大の危機となったのが、１９７７年11月に起きた「全羅北道裡里駅爆発事故」である。仁川発・光州行きの列車が裡里駅で待機中に爆発。列車にはハンファ製のダイナマイト９００箱（22ｔ）をはじめ、硝酸アンモニウム５ｔや爆薬２ｔなどの火薬類が搭載されていた。この爆発で死者59人、重軽傷者１３４３人、被災者７８７３人を出した。朴正煕（パク・チョンヒ）

政権は再建予算として130億ウォンを計上するなか、そのうち91億ウォンをハンファが捻出した。対応を1つ間違えば企業の存続さえ危ぶまれる事態であったが、責任ある対応をとったことでハンファへの評価が落ちることはなかった。

現在のトップである金升淵（キム・スンヨン）氏は、父親の金鍾喜氏が亡くなった1981年に、28歳の若さでハンファグループの代表取締役会長となった。金升淵氏は義理を重んじる経営者として知られ、そして「M&Aの勝負師」とも呼ばれている。その最たるものとして、金升淵氏は、サムスンテックウィンやサムスン総合化学など当時の資産規模で17兆ウォンにも上るサムスン系列4社を2014年に買収。そして2015年にハンファグループは韓国財界ランキングで第9位にランクインした。2兆ウォンを超えるサムスンとハンファのビッグディールを通じて、ハンファの資産規模は37兆ウォンから50兆ウォンへ拡大した。

金升淵氏が会長に就任した1981年時点の系列会社は15社、売上高は1兆600億ウォンだったが、現在は系列会社が108社、売上高は72兆6640億ウォンを誇り、資産総額は112兆ウォン（いずれも2023年末基準）である。こうした実績によって金升淵氏によるチャレンジスピリッツあふれる取り組みは韓国国内で高く評価されている。

このほかにもM&Aの成功例は枚挙にいとまがなく、1982年に実施した漢陽化学（現ハンファケミカル）の買収や、京仁エネルギー（現仁川石油）の経営権確保などは、参謀らから反対意見が出たが、金升淵氏はそれらを振り切り成功を収めた。２０００年には東洋百貨店を買収し、２００1年には大徳テクノバレー（大田広域市所在の先端産業クラスター）を整備。石油化学を中心とする製造業、金融、流通産業にも拡大している。

１９８５年に買収した韓国リゾート業のミョンソンコンドミニアム（ジョンアグループ）は、いまや韓国最大手のレジャー企業であるハンファリゾートとなった。韓国の保険業界トップクラス規模を誇るハンファ生命も、２００２年に大韓生命を合併したことで拡大。２０１２年には太陽光事業をグループの新たな成長領域と定めて、ドイツのQセルズを買収し、ハンファQセルズを設立した。２０１５年にはハンファQセルズとハンファソーラーワンが合併し、米国の商業用太陽電池モジュール市場において２０１９〜２０２１年にシェア1位を獲得した。そして現在、ハンファグループにおけるエネルギー部門は、太陽光だけでなく、風力、エネルギー貯蔵、グリーン水素などの分野にも広がっている。

グループ持株会社のハンファは、軍需産業会社のサムスンテックウィンとサムスンタレスを２０１1年に買収し、２０１４年には売上高2兆６０００億ウォンを計上し、韓国国内業界トップとなった。ハンファグループは１９７４年から精密弾薬と誘導武器中心の軍需産業に携わっているが、サムスン系列会社の買収によって航空機や艦艇向けエンジン、射撃統制装置（レーダー類）、ロボット事業など、さらなる多様化に取り組んでいる。

ハンファグループは、１００年企業への取り組みとして新事業の創出に挑んでいる。特に、韓国の航空・宇宙産業を牽引する優秀な人材を獲得・育成するなど、長期的な成長基盤を確保するための取り組みを進めており、航空宇宙産業をグループのコア産業にすべく大規模な支援を推し進めている。２０２１年にはハンファエアロスペース、ハンファシステム、ハンファなどが参画し、グループ内の宇宙ビジネスを総括する「スペースハブ」を設立した。

そして現在、ハンファグループは、宇宙発射体から観測、通信衛星、探査など宇宙産業全般を網羅するバリューチェーンを韓国で唯一構築している。そのうち、ハンファエアロスペースでは発射体技術、ハンファシステムでは衛星技術を中心に宇宙産業を拡大。また、ハンファシステムは２０２３年12月に、独自技術で開発したＳＡＲ（小型合成開口レーダー）衛星を韓国で初めて打ち上げ、交信に成功した。ハンファシステムは今後、衛星通信市場にも参入する計画であり、２０２３年7月には基幹通信事業者の資格を獲得し、関連する韓国企業とも提携。また、前述のスペースハブはＫＡＩＳＴ（韓国科学技術院）と共同で宇宙研究センターに１００億ウォンを投じ、民間宇宙開発および衛星実用化が可能な多様な技術を研究する計画だ。

ハンファグループの主なM&A

旧企業名	年	現社名
朝鮮油紙	1957	ハンファ火薬
新韓ベアリング工業	1964	ハンファ機械
東元工業	1973	ハンファ建設
スンド証券	1976	ハンファ投資証券
漢陽化学、韓国ダウ・ケミカル	1982	ハンファケミカル
ジョンアグループ	1985	ハンファ H&R
韓国火薬グループに社名変更	1992	ハンファグループ
新東亜火災海上保険	2002	ハンファ損害保険
大韓生命	2002	ハンファ生命
63シティ	2002	ハンファ63シティ
第一火災海上保険	2008	ハンファ損害保険
プルデンシャル投資証券	2010	ハンファ投資証券
Qセルズ	2012	ハンファQセルズ
サムスン系列4社買収	2014	ハンファケミカルなど

(ジェボルドットコムのデータをもとに電子デバイス産業新聞作成)

ハンファQセルズはグループの中核企業に

ハンファが製造した韓国初の宇宙発射体用エンジン

（写真提供：ハンファエアロスペース）

SAR 衛星の模型

■創立20周年を迎えたGS、既存事業と新技術の融合を加速

ＧＳ（旧ゴールドスター、金星）グループの２０２４年は、創立20年周年を迎える特別な1年となる。50年を超すＬＧグループとのパートナー関係を整理し、２００４年7月のＧＳホールディングス設立を皮切りに、２００５年3月には新たなコーポレートアイデンティティーを打ち出し、ＧＳグループは正式に船出した。現状のＧＳグループは持株会社であるＧＳを筆頭に、ＧＳエネルギー、ＧＳカルテックス、ＧＳホームショッピングなど、グループ会社数は99社に及ぶ。資産総額は80兆８２４０億ウォンを誇る。事業規模は、売上高が84兆３３８０億ウォン、純利益は3兆３７２０億ウォン（いずれも２０２３年）で、韓国財閥ランキングで第9位に位置する。設立当時（２００４年）の資産総額18兆７０００億ウォン、売上高23兆ウォンに比べて著しく成長していることがみてとれる。

多数の韓国財閥が経営権の後継や系列会社の分離過程において熾烈な争いがあったが、ＧＳとＬＧグループはそうした問題が一切なく分離・整理したことで有名だ。分離から20年が経過した現在も、ＧＳグループの許家とＬＧグループの具家は、互いのビジネス領域を依然として尊重し、相互の主力業種には参入・競争していない。

ＧＳグループとして船出した２００５年以降、エネルギーをはじめ、流通や建設といった従来展

開している事業の競争力を強化。主力会社の１社であるＧＳカルテックスでは施設の高度化に向けた投資などを行い、海外輸出も大幅に増やしている。加えて、新しい成長ドライバーを確保するために、M&Aや事業の構造調整などにも継続的に取り組んでいる。ＧＳリテールとＧＳホームショッピングは事業の構造調整を通した成長力の確保を進めている。一方、デパートと大型割引店を２０１０年に売却し、コンビニとスーパーマーケット中心に事業構造を見直した。

ＧＳグループは「２０２４年は我々にとって低迷の始まりではあるが、未来志向のビッグジャンプすべきチャンスでもある」と位置づけている。ＧＳグループ代表取締役会長である許兌秀（ホ・テス）氏は年頭会議の場で「金利をはじめ、為替や地政学的なクライシスなど、韓国経済は単純な苦難に加えて景気低迷の始まりになるかもしれない」としたうえで、「不透明なグローバル経済の流れに俊敏に対応しつつ、グループ全般にかけて緊張感を持って臨んでほしい」と主要経営陣に求めた。許会長が２０２４年を「低迷の始まり」とした背景は、新型コロナによるパンデミック以降、精油・化学、エネルギー発電、リテールなどといったＧＳグループの注力事業が堅調な競争力をベースに安定的な成果を出してきた一方、各種先行指数が下方修正され、景気低迷の前兆が現れつつあるためだ。こうした状況下において、許会長は景気低迷や事業環境の悪化に対して守りの姿勢でなく、未来への新事業創出に向けたチャンスと捉え、「ビジネスの順調なときには見えなかった事業環境の根本的な変化や新事業の機会などは、それが厳しいときこそ鮮明に現れる。その間、我々が着実に準備してきた新事業が本格的にスタートするチャンスのタイミングだ」と主要系列会社の経営陣を励ました。

同社は、すでに事業化のステージに入った産業バイオ、サーキュラーエコノミー、EV充電などの新事業部門について、スケールアップに向けた取り組みを進めている。例えば、遺伝子操作しない微生物とバイオマスを活用する2、3－ブタンジオール（ブタンジオール4つの異性体のうちの1つ。消防法に定める第4類危険物、第3石油類に該当）と3－ヒドロキシプロピオン酸など環境にやさしい石油化学代替物質の実用化を加速する計画だ。

また、プラスチックや電池のリサイクル事業、バイオ燃料、EV充電などのエコビジネスの業容拡大を進める。そのほか、バーチャルパワープラント（分散電源や蓄電池などの散在するエネルギー源をＩｏＴ機器によって遠隔で制御し、仮想的に1つの発電所のように機能させること）をはじめ、水素や小型モジュール原子炉、風力発電などのエネルギー事業、ＣＣＵＳ（分離・貯留したＣＯ２の利用）といった新事業領域についても、技術確保のための持続的な投資とパートナーシップを土台に、事業化へのさらなる探索と育成に注力する。

ＧＳグループの威容には、２０１９年12月までＧＳグループを率いた許昌秀（ホ・チャンス）氏の貢献が大きい。許昌秀氏は経済団体「全国経済人連合会」（日本の経団連に相当）の会長職を２０１１年２月から２０２１年２月まで務めたことでも知られ、２００４年７月にＬＧグループとの分社とともに、許家の推薦によりＧＳグループ代表に選ばれた。

許昌秀氏はＬＧグループの共同経営時代には多様な系列会社を隈なく経験し、豊富な現場の実務経営を積み上げた。現場中心の経営ならびに理事会の透明性を常に強調し、経営判断のベースを現場に置いている。また、私財を投じた社会活動にも熱心で、その取り組みが多くの尊敬を集めている。他の財閥でも社会貢献活動を行っているが、パフォーマンス的なものも多く、その資金も会社から支出されるケースが大半だ。

だが、許昌秀氏は２００６年12月に私財を投じて「南村財団」（南村は父親である許準九氏の雅号）を設立。社会的弱者の患者のための医療事業、低所得家庭の教育、奨学支援事業などを行っている。その寄付額もＧＳ建設の株式３万５８００株から始まり、その後９年間で同47万株にまで積み上がり、金額ベースでは３６０億ウォン（約40億円）に及ぶ。

ＧＳグループの許兌秀会長は２０２４年１月、ソウル市江南区所在のＧＳタワーにて最高位経営陣を集めて「２０２４ＧＳ新事業の共有会」を開催した。同会は２０２２年９月の初会合以降、２０２４年１月の会合が３回目で、ＧＳグループは最近の３年間、デジタル、ＡＩ、バイオ、気候

ソウル市内にそびえ立つGSグループ本社ビル

ソウル市内でGSが運営中のガソリンスタンド

変化などにおける新技術を確保し、既存事業とのシナジーの創出にも取り組んでいる。許会長は2024年1月に米ラスベガスで開かれた「CES2024」に参加した際に、シリコンバレーのベンチャーキャピタルであるGSフューチャーズも訪問し、新技術の投資戦略をも大々的にアピールした。

主要系列会社も同会において、新技術と既存事業との融合を進める方針を確認。なかでも産業バイオ分野における新技術への投資と、GSカルテックスとのシナジーの創出事例などが議論された。産業バイオ分野とは、バイオ技術を活かして石油化学製品の代替物質を開発するものであり、製薬分野でのバイオテクノロジーを指す「レッドバイオ」にちなんで「ホワイトバイオ」と呼んでいる。

このようにGSグループは、新事業のポートフォリオを「事業拡大」「事業初期育成」「投資と探索」などの段階に分け、段階別の事業化戦略を提示するなど、さらなる成長を模索していく計画だ。

■HD現代グループは造船業からエネルギーや産機、ロボットなどへ展開

「これは我々の先祖が造った亀甲船（朝鮮水軍の戦船）です。貴国より300年も早い1500年代末期、朝鮮はすでに鉄甲船を造っていました」。

そう言いながら、現代グループの創業者である鄭周永（チョン・ジュヨン）氏は、亀甲船が描か

れた500ウォン札の紙幣1枚を取り出した。そして朝鮮時代の造船技術をアピールし、英国から借款を1972年に受けて、造船所を建設した。これがHD現代グループ（旧現代重工業）の始まりであり、この創立時の話は、韓国においていまだに語り継がれている。そして現在、HD現代グループ業績は売上高が70兆7640億ウォン、純利益は2兆3930億ウォン（いずれも2023年通期基準）にまで拡大している。

同社は、現代重工業からHD現代へとグループ名を2022年3月に変更した。エネルギーや産業機械関連を中心に、HD韓国造船海洋、HD現代オイルバンク、HD現代サイトソリューション、HD現代ロボティクス、HD現代未来パートナーズなど29社を傘下に抱える。資産総額は84兆7960億ウォン（2023年末基準）で、筆頭株主は元国会議員でもある鄭夢準（チョン・モンジュン）氏。同氏は、創立者である鄭周永氏の六男である（鄭周永氏の長男である現代自動車の鄭夢九名誉会長とは異母兄弟）。

1970年代に荒れ地の砂浜であった韓国南東部の蔚山（ウルサン）に世界最大規模の造船所が建設される以前、韓国の造船産業の規模は非常に小さく、造船に関するノウハウも技術者もゼロに近い状況であった。また、造船業には多額の資金が必要となる。こうした環境下で、初期投資費用を英国からの借款でまかなうような企業が巨大造船所を建てるという計画には、無謀だと揶揄する声も少なくなかった。しかし、鄭周永氏はチャレンジスピリッツでそうした声を跳ね除け、26万t級の大型油槽船2隻の受注に成功。その成果をベースに造船所建設のための借款にもこぎ着けた。

こうした出発から順調に事業を拡大していったHD現代グループだが、2014年に最大の危機を迎える。同社は2008年のリーマンショックを機に低価格戦略を推進していたが、中国勢の追撃などにより受注が低迷。さらに、海洋プラント事業などへ新たに取り組んだ結果、数兆ウォン規模の営業損失を計上した。その影響は大きく、約10年が経過した現在もHD現代グループにおける事業の再構築が続けられているほどだ。なお、2023年における船舶事業の受注額はグローバル造船業の好調を受けて223億ドルを記録したが、2024年における受注高の目標値は135億ドルに設定されている。

HD現代グループでは、造船業のほかにも、韓国トップクラスの実績を有する企業が複数ある。その1つが、韓国の産業用ロボット業界でトップの実績を有するHD現代ロボティクス（大邱広域市）だ。旧現代重工業の溶接技術研究所にあったロボットチームが母体となり1984年にロボットビジネスを開始し、1987年に初めて溶接ロボットを生産。2016年には4万台以上の産業用ロボットを初めて生産し、韓国の産業用ロボットメーカーとしては圧倒的な実績を誇る。2023年3月にHD現代ロボティクスへと社名を変更し、製品としては自動車製造分野で主に使用される垂直多関節ロボットやフラットパネルディスプレー（ＦＰＤ）の搬送用ロボットのほか、ロボットコントローラー、自動化システムなども展開している。

また、サービスロボット関連の取り組みも進めており、２０２０年に移動型サービスロボット「ＵＮＩ」の販売を開始した。用途はホテルやオフィスでの物品搬送などを想定しており、大邱マリオットホテル＆レジデンスなどで活用されている。ＵＮＩには、自律移動機能、人認識機能、音声認識機能などが搭載されており、テキストメッセージの配信サービスや音声案内などにも対応できる。

ＨＤ現代ロボティクスは、２０２３年10月に台湾の協働ロボットメーカーであるテックマンロボットと戦略的パートナーシップを締結した。テックマンロボットの協働ロボット製品は、グローバルで販売を拡大しており、韓国でもサムスン電子や現代自動車などの主要財閥企業の製造現場にも採用されている。ＨＤ現代ロボティクスとテックマンロボットは、小型協働ロボットを共同で開発している。現在、テックマンロボット社がラインアップする協働ロボット製品のうち、可搬重量が最も小さい製品が４kg可搬タイプであることから、３kg可搬タイプの開発が有力視されている。両社は、テックマンロボットの製品をＨＤ現代ロボティクスのネットワークを通じて販売することも計画しており、一方でＨＤ現代が手がける産業用ロボット製品をテックマンロボットが有する東南アジアのネットワークを通じて販売する方針だ。

協働ロボット市場は年々拡大しており、国際ロボット連盟によると、産業用ロボット市場の10％を占める規模となっている。こうしたなかＨＤ現代ロボティクスは、韓国の産業用ロボット業界で初めて協働ロボットを製品化した。だが、サムスン電子が出資するレインボーロボティクス社や、ドゥサンロボティクス（Doosan Robotics）といった後発メーカーの後塵を拝す状況となっており、ＨＤ現代グループの現代三湖重工業が２０２３年9月に協働ロボット40台余りを導入した際にも採用されず、現代三湖重工業にはデンマークのユニバーサルロボット社の製品やレインボーロボティクス社の製品が導入された。ＨＤ現代ロボティクスはこうした厳しい現状を踏まえ、テックマンロボットとの連携を通じて低可搬重量の製品開発を進めるとともに、高可搬重量品についても、自社の協働ロボットに対する課題を分析して新製品の開発に取り組んでいる。

ＨＤ現代グループは２０２２年12月、造船海洋をはじめエネルギーや産業機械分野での取り組みを通じて、人類の未来を牽引するというビジョンを打ち出した。具体的には「時代を先導するイノベーションと粘り強いチャンレンジを通して、人類の未来を開拓する」というミッションのもと、それを実現するための三大コア事業を提示し、造船海洋分野では「海の無限の潜在力を実現」、エネルギー分野では「持続可能なエネルギー・エコシステムの具現」、産業機械分野では「時空間的限界を超越する産業ソリューションの提供」を標榜し、未来のインダストリー・エコシステムの創

HD現代の連結業績

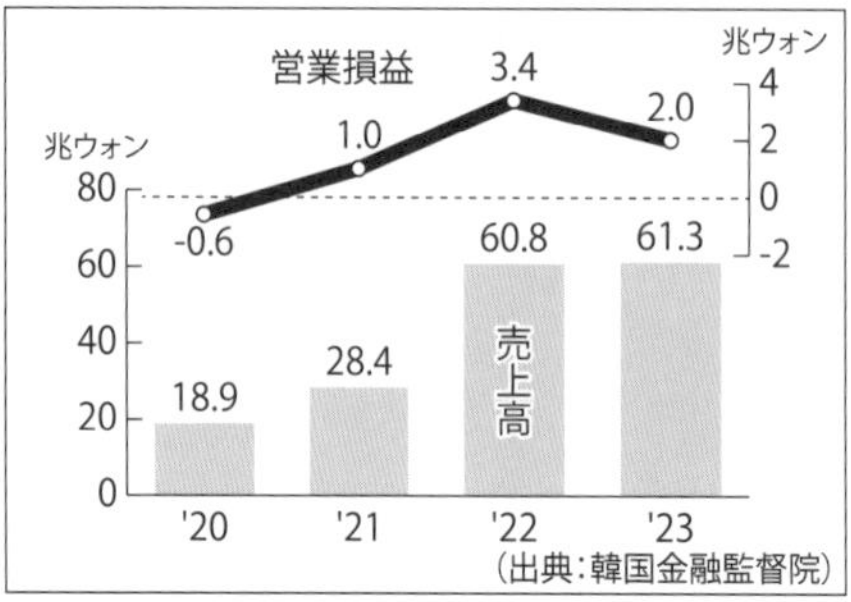

HD現代の蔚山造船所

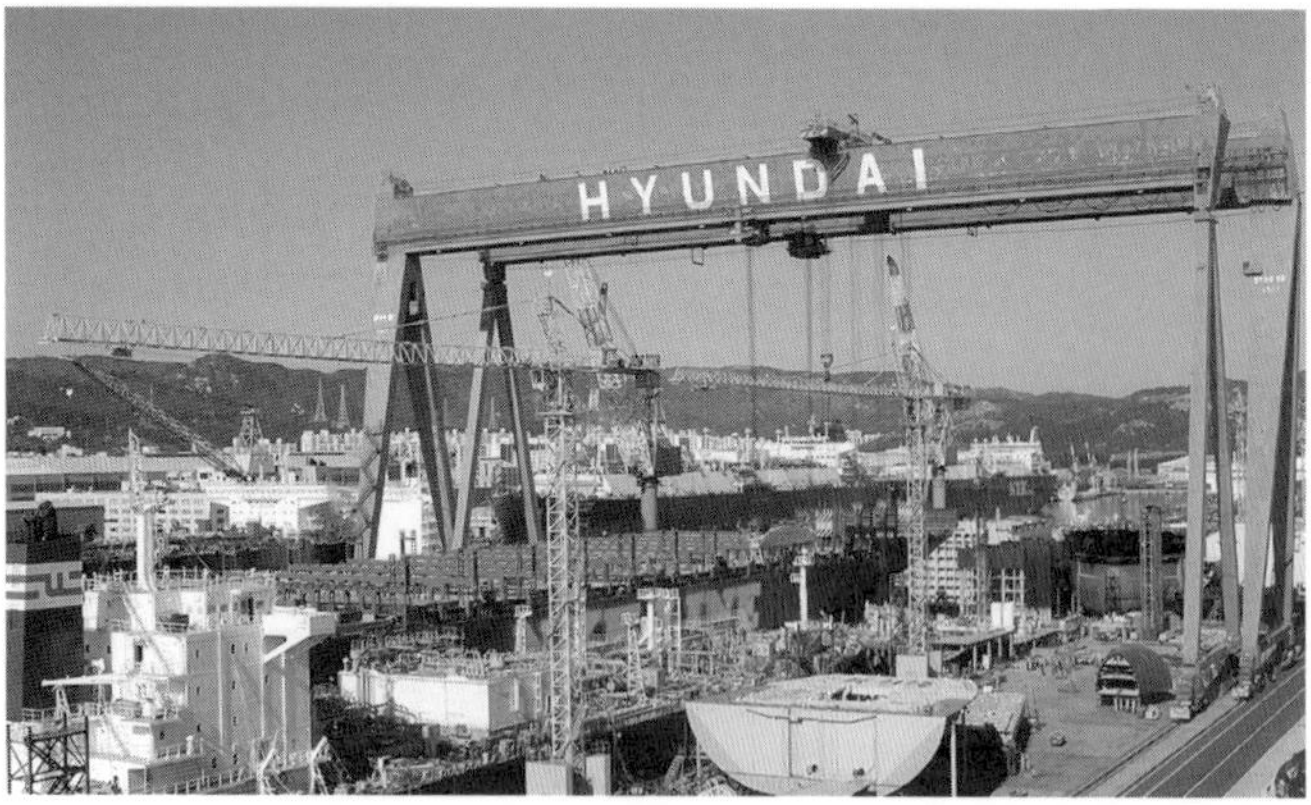

産業用ロボットで豊富な実績

テックマンロボットの協働ロボット

出を目指す考えだ。

■流通業界トップの新世界はグループのシナジー創出に注力

新世界グループは、1997年4月にサムスングループから分離・独立したグループで、現在、韓国流通業界の代名詞ともいえる存在である。分離当時の新世界は、ポスコや農協などの公共企業を除いた韓国財閥ランキングで第33位に位置し、資産総額は2兆7000億ウォン、売上高は1兆8000億ウォンであったが、2023年には系列会社53社を抱え、資産総額は62兆510億ウォン、売上高は36兆6090億ウォンまで拡大。現在、韓国財閥ランキング第10位（農協除く）に位置する。

デパート、大型ディスカウントストア、プレミアムアウトレットなどを展開する新世界グループは、自他ともに認める韓国流通業のトップ企業である。ちなみに、新世界グループが運営するデパートは、三越百貨店京城店（1930年10月開店）が前身である。

新世界グループ代表取締役会長である李明熙（イ・ミョンヒ）氏は、サムスングループの創立者である李秉喆（イ・ビョンチョル）氏の第8子であり、サムスングループの2代目会長であった李健熙氏の妹でもある。李明熙氏のビジネスに関する才覚を感じていた李秉喆氏は、李明熙氏に企業経営を進言した。しかし、李明熙氏は、新世界グループの名誉会長である鄭在恩氏の妻としての役目、良妻賢母として家族を支えるため、父親からの提案を断っていた。

しかし、李秉喆氏の熱意に負け、李明熙氏は１９７９年２月から新世界の営業事業本部取締役として経営に携わるようになった。ちなみに、鄭在恩氏は李明熙氏と結婚してからサムスングループに入社し、サムスン電子の代表取締役社長、サムスン物産代表取締役副会長、サムスン航空代表取締役副会長などを経て、新世界デパートや朝鮮ホテル代表取締役会長なども務めた。

サムスングループから独立した当時の新世界グループは、デパートとホテルを運営する小さな財閥に過ぎなかったが、李明熙氏の手腕によって韓国財閥ランキングでトップ10入りを果たすまでに成長した。良妻賢母としての役目を大事にしていた李明熙氏のなかにも、希代の経営者である李秉喆氏のＤＮＡがしっかりとあり、「メモを徹底した父親に学び、自分も自然にメモする習慣を身につけた」と語るなど、父親の様々な経営手法を踏襲することで事業を成長させていった。

李明熙氏と鄭在恩氏には、現在、新世界グループの代表取締役副会長を務める息子の鄭溶鎮氏がいる。鄭溶鎮氏は、韓国で人気を博した韓国ドラマ『砂時計（モレシゲ）』で主人公を務めたコ・ヒョンジョン氏と１９９５年に結婚した。しかし、李明熙氏のコ・ヒョンジョン氏に対する厳しい教育などが原因で２００３年に離婚した（その後、鄭溶鎮氏は２０１１年に12歳年下のフルート奏者と再婚)。このようにプライベートにも注目が集まる鄭溶鎮氏であるが、米国への留学などで構築した幅広い人脈を有し、様々な社会貢献活動につながる広いネットワークも持つ。また、韓国財閥グループの2世や3世にあたる経営陣との交流も深く、従弟関係にある李在鎔(イ・ジェヨン、現サムスングループ会長)とは同い年で、中学校、高校、大学(ソウル大学)も同じである。

現在、鄭溶鎮氏は経営の陣頭指揮を事実上担っており、母親譲りの経営手法を遺憾なく発揮している。1995年に27歳で新世界の戦略企画室に入社した鄭溶鎮氏は、2006年に代表取締役副会長に就き、新世界グループを本格的に経営する立場となった。インターネット・ビジネスに強い関心を持つ鄭溶鎮氏は、2013年に「新世界ペイメント」を設立してオンライン決済市場にも参入。2014年には新世界デパートとイーマートとの統合オンライン・ショッピングサイトであるSSGドットコムも立ち上げた。そして現在、新世界グループは最新システムのオンライン専用の物流センターを韓国全土に広げつつある。

現在、新世界グループの主力事業は、韓国を代表する大型ディスカウントストアとなったイーマートだ。1993年11月に開業した韓国初の大型ディスカウントストアであるイーマートは、従業員27人でスタートし、初年度の売上高は450億ウォンであった。そこから店舗数を年々増やし、2022年10月時点で韓国全土に137店舗を展開し、従業員数は2万3000人以上となった。

そして、２０２３年の売上高は29兆４７２２億ウォン（約３兆２７００億円）を誇り、新世界グループにおける売上高の約78％を占める。

新世界グループは、２０２４年における事業戦略として、デパートや流通業などの本業に対する競争力の堅持と、系列会社間のシナジー創出を挙げている。主力事業で収益性の安定化を図りつつ、事業領域の拡大を図る考えで、その一環としてイーマートのグループにおいて、仕入れ、運営、物流機能などを一本化するための統合推進事務局を２０２４年初頭に新設した。グループのシナジーを強めて、購買力アップと価格競争力を最大化する狙いだ。イーマートはこうした統合を通して、年間で約１０００億ウォン（約１１１億円）の収益改善効果を生み出すことを目指す。また、２０２４年に新規店舗用の敷地を5カ所確保し、順次出店する予定だ。さらに、変化する顧客の生活スタイルに合わせて、顧客がより長い時間を費やせる店舗と売り場作りのための空間イノベーションにも取り組んでいく。

オンラインモールのＳＳＧドットコムとＧマーケットは、オンライン・ショッピングにおいて顧客が求める高信頼性の商品とサービスを提供する。ＳＳＧドットコムはイーマートと連携した新鮮食品など主なカテゴリーの価格競争力を確保し、ファッション、美容、名品などといった成長可能性の高い戦略的なカテゴリーに集中する。Ｇマーケットは、韓国最大の販売インフラを保有する強

新世界グループの売上高

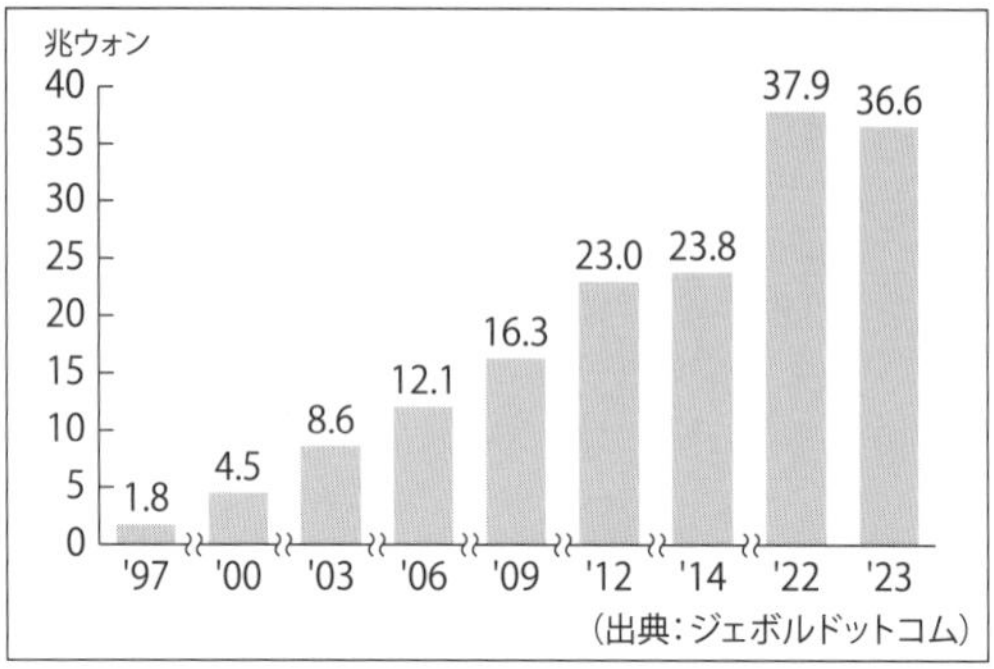

ソウル明洞にある新世界デパート

ソウル市内にあるイーマート

みを活かし、オンライン事業に悩む中小販売者に販売、広告、物流などそれぞれの領域における有機的なサービスを提供する。

ＳＳＧドットコムとＧマーケットはそれぞれが保有する物的・人的資源を活用し、物流効率の改善を図る。ＳＳＧドットコムは自動化の物流設備を導入し、運営中のオンライン専用物流センター「ネオ」の３カ所と、イーマート店舗１００カ所に設置されているＰＰセンター（オンライン注文の商品を集めて舗装する物流センター）の物流システムを高度化し、翌日配送サービス「ＳＳＧ１ＤＡＹ配送」を拡大する計画だ。Ｇマーケットは、物流センターにロボット基盤の自動化システムを融合し、物流の生産性アップを図っている。Ｇマーケットは２０２３年６月、ＬＧグループ子会社のＬＧ－ＣＮＳと東灘物流センター（京畿道華城市）にてロボット・プラットフォーム関連技術の検証をスタートし、技術検証を２０２４年６月までに完了して、その後に本格稼働している。

新世界デパートも店舗リニューアルを通じた空間イノベーションと本業の競争力強化に取り組む。その一環として、15年ぶりに大々的な店舗拡張リニューアル工事を進めている江南店（ソウル市）食品館では、営業面積が7273㎡から1万9800㎡へ拡大し、韓国最大の食品館となる見通しだ。

■食品大手のCJグループは物流やエンタメまで展開、バイオにも投資

韓国の大手食品メーカーとして知られ、近年は物流関連事業なども展開するCJ（旧第一製糖）グループ。旧社名が示すように、製糖業を出発点に食品工業で躍進したのち、米映画製作会社ドリームワークスが設立される際に出資したことを機に、エンターテインメント事業にも進出し、映画製作やインターネットサービスなども手がける。創業者はサムスングループの創業者でもある李秉喆（イ・ビョンチョル）氏で、同氏の長男である李孟熙（イ・メンヒ）氏が率いるかたちで1993年にCJグループはサムスングループから独立した。

サムスングループは、李秉喆氏の三男で、李孟熙の実弟である李健熙（イ・ゴンヒ）氏が1987年に承継した。本来であれば長兄であり、抜群のリーダーシップも備えていた李孟熙氏がサムスングループを承継する有力候補であったが、そうならなかった大きな要因の1つが、

1966年5月に韓国社会を大きく揺るがした「サッカリン密輸事件」。日本の大手商社と共謀してサッカリン（人工甘味料の一種）約55ｔ（2259袋）を建設資材と偽装し大量に密輸したことを、韓国の京郷新聞が同年9月に報じた事件だ。同事件の処罰過程で、当時の朴正煕大統領と李秉喆氏との関連性や裏話を李孟煕氏が認知しているためではないかと、韓国社会では言われ続けている。

李孟煕氏は、1931年に韓国慶尚南道で生まれ、東京農業大学と大学院を卒業し、米ミシガン州立大学で経済学博士号を取るほど聡明な人物だったが、権力闘争などに常に巻き込まれた。2015年に84歳で逝去する前の2012年には、遺産相続を巡って、弟である李健熙氏を提訴。父親の遺産として借名財産である4兆849億ウォン相当の株式と配当金を求めたが、2014年に敗訴が確定した。仮に李孟煕氏の主張が受け入れられた場合、李健熙氏のサムスン生命の持分が引き渡され、サムスングループの支配構造に影響を与えることから世間の関心が高まっていたが、第1審および第2審でも敗訴した李孟煕氏は上告をせずに「財産より大切なのは家族間の関係だ」という言葉を残した。それ以降は持病が悪化し、滞在先の北京の病院で波乱の人生を閉じた。

現在、CJグループの会長は、李孟煕氏の長男である李在賢（イ・ジェヒョン）氏が務めている。1993年に第一製糖がサムスングループから独立したあと、積極的な事業の多様化に取り組み、現在のＣＪグループの基盤を構築した人物である。ＣＪグループ内の評価は「夢とビジョン、熱情溢れるＣＥＯとして未来を予測し、大胆さと緻密さを兼備した合理的な経営者だ」というもので、祖父の李秉喆氏に最も似ているといわれている。李在賢氏は、多くの韓国財閥が製造業と輸出に傾注していた30年前から文化コンテンツの将来性を見据えて投資に踏み切るなど、先見性の高い事業の方向性を提示し、ＣＪグループの飛躍を牽引した。

サムスングループから独立した当時のＣＪグループは、サムスングループにおける非重点領域であったこともあり、事業の成長が鈍化していた。だが、１９９５年から独立経営をスタートし、李在賢氏の主導で食品などの従来ビジネスをベースに、メディアや映像・放送、物流、ホームショッピングなどへと事業のポートフォリオを多様化する一方、食品や化粧品などの赤字事業を整理し、事業を拡大・強化していった。

ところが、２０１３年に李会長は背任や脱税などの嫌疑で拘束起訴され、２０１４年に有罪（懲役３年）の判決が下った。しかし、健康問題を理由に実際の服役期間は４カ月にとどまり、かつ２０１６年に当時の朴槿恵（パク・クネ）大統領から特別赦免（日本の恩赦に相当）を受け、刑の執行免除と特別復権が認められた。

ＣＪグループは、２０２３年末時点でグループ会社73社を有し、売上規模は31兆１７６０億ウォン、資産総額は39兆8540億ウォンを誇る。グループ会社には、CJ、CJ建設、KXホールディングス、CJ大韓通運、CJ　E&Mなどが名を連ねている。1998年には物流事業にも参入し、2011年には当時の韓国物流業界トップの大韓通運を買収。2002年には韓国初のヘルス&ビューティーストア事業であるCJオリーブヤングを開始するなど、その事業範囲は韓国財閥企業のなかでも広いものがある。

そのなかで、CJグループの源流ともいうべきCJ第一製糖はコア技術の確保とR&Dをベースに、食品とバイオ市場における革新を先導する新しいトレンドづくりに注力している。同社は2022年に2000億ウォンをR&Dに投じ、フード&バイオ企業のグローバル展開を拡大。とりわけ、フード事業には多くのR&D投資を実施し、その投資で構築された生産力を武器に、高品質の冷凍・常温HMR（ホーム・ミール・リプレイスメント。消費者が購入して家庭に持ち帰りそのまま食べられる調理済み食品）の新製品を開発中である。また、韓国のメディテック企業であるT&Rバイオファブ（京畿道始興市）と3Dバイオプリンティング技術を活用した代替肉の共同開発協約を締結。両社は協業を通じて、味と質感、外観や栄養面で従来の植物性食品の枠を越える代替肉の開発に取り組んでいる。また、バイオやFNT（バイオと食品のシナジー効果を最大化するための同社の新設事業チーム）事業部門でも活発なR&D投資と協業でイノベーションを推進している。

CJグループは、カルチャー、プラットフォーム、ウェルネス、サステナビリティーを4大成長エンジンに定め、食品業界では初となる製品開発へのAI技術の活用を実施し、その一環として豚の肝臓の健康状況を改善する飼料添加剤を実用化した。AIが関連論文などを分析して、6万5000個の原料から候補となるものを探り出し、子豚の肝臓を改善する最適な原料を製品化したものだ。そして、従来のバイオ事業から蓄積した微生物の発酵技術を土台にした研究開発も行っており、PHAとマイクロバイオータ（微生物叢）を基盤にした新薬開発なども進めている。PHAは、微生物が体内に生産するバイオプラスチックの一種で、土壌や海洋などの大半の環境で分解される特性を持ち、脱石油系プラスチックの動きが世界的に活発となるなかで、注目を浴びているバイオ技術である。

同社は、食品の調味材料を中心とするFNT事業部門も積極的な研究開発でグローバルのニュートリション（栄養）市場へとビジネスを広げている。さらに、内部革新を通した新成長動力の発掘にも傾注しており、食品事業部門の「INNO100」やバイオ事業部門の「Rプロジェクト」などといった社内ベンチャー・プログラムを運営しつつ、従業員の挑戦的なアイデアを事業化する革新的な組織も展開している。こうした取り組みが寄与するとみられる2024年は、通期業績とし

CJ 第一製糖の年間業績

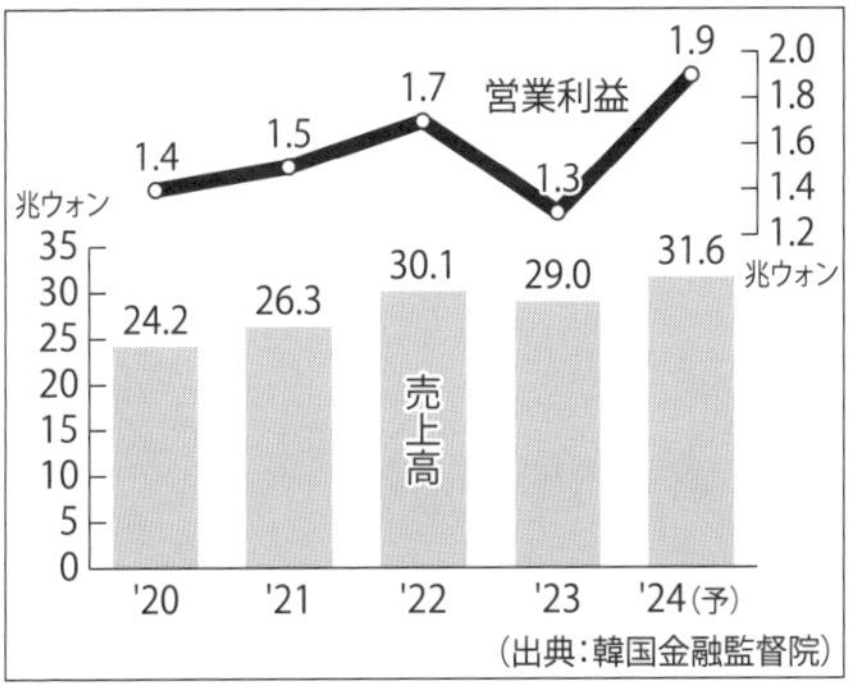

（出典：韓国金融監督院）

ソウル市内にある CJ グループの本社ビル

CJ 第一製糖の R&D センター

食品を中心に幅広い事業を展開

CJ 제일제당

て売上高は前年比9％増の31兆ウォン（約3・4兆円）を計画している。

■韓進グループは物流・輸送で韓国最大、中古トラック1台で創業

日本の植民地支配から解放されて間もない1945年11月、韓国・仁川にある倉庫で当時25歳の若き趙重薫（チョ・ジュンフン）氏は「韓進商社」を立ち上げた。これが韓国の物流・輸送大手として知られる韓進（ハンジン）グループの始まりである。グループ名の「韓進」は「韓民族の前進」という思いをもとに名づけられた。1945年の設立以来、約80年にわたり事業を展開し、大韓航空、ハンジン海運、ハンジン重工業といった系列会社34社を抱え、資産総額39兆920億ウォン、売上高19兆7220億ウォン（いずれも2023年実績）を誇る韓国最大の物流・輸送企業である。

創業当時の1945年、ハンジングループの資産は中古トラック1台だけだった。だが、覇気溢れる趙重勲氏は「仁川には多くの物流需要がある」と確信していた。当時の仁川港は、中国・上海市から船で靴、衣類、小麦粉などの生活用品が大量に持ち込まれていた時代で、運送の需要は非常に高く、韓進商社は創業5年でトラック30台と従業員約40人を抱える企業に成長した。

しかし、1950年の朝鮮戦争で輸送業は致命的な打撃を受けた。普通の企業であれば事業を休止していただろうが、趙重勲氏はこうした逆境もばねにして、1956年ごろには在韓米軍の用役

事業へ参画。米軍関連の運送を独占し、保有車両数は500台にまで拡大した。また、1961年には在韓米軍の通勤バス20台を用意し、ソウル～仁川区間の運行を開始。これが高速バス事業の「韓進高速」へつながっていく（2006年に東洋高速運輸へ売却）。

ハンジングループは、ベトナム戦争向けの軍需物資の輸送も担い、飛躍的な成長を遂げた。1966年には在越米軍司令部と790万ドルの軍需品の輸送契約を締結し、1971年の終戦までに5年間で稼いだ外貨は総額1億5000万ドルに達した。なお当時、韓国の1人あたりの名目GDPは125～200ドルであった。このことからみてもハンジングループがいかに事業を急速に拡大したかが分かる。

1968年には韓国空港と韓一開発を設立。翌1969年には当時の朴正煕大統領の提案で慢性的な赤字体質になっていた国営の大韓航空公社を買収し、航空事業へ本格的に参入した。大韓航空公社は当時、アジア11カ国の航空会社のなかで事業規模は最下位で、巨額の金融負債も抱えていた。普通であれば手を出すべき企業ではない。しかし、趙重勲氏はのちに「大韓航空公社の買収は、進めるべき使命だと思った」と語り、そして現在、大韓航空は、世界で最も権威ある航空会社の評価機関の1つである英スカイトラックスのレーティングにおいて、最高評価の「5スター」に認定される企業となった。

１９９０年代に入り、趙重勲氏は世襲経営体制の確立に力を注ぎ、４人の息子をハンジングループの主力系列企業に配置した。具体的には、長男のヤンホ氏に大韓航空、次男のナムホ氏にハンジン重工業、三男のスホ氏にハンジン海運、四男のジョンホ氏にハンジン投資証券を任せた。こうしたなか、大半の韓国財閥オーナーがそうだったように、趙重勲氏も政権との関わりを深めていき、朴正煕政権から金泳三政権までは友好的な関係を構築した。しかし、金大中（キム・デジュン）政権時には試練が続いた。１９９７年に大韓航空機の墜落事故がグアムで発生し、１９９９年には上海空港で事故が起こった。そして金大中大統領は財閥オーナー経営の問題点を指摘するとともに、大韓航空には厳しい制裁を与えた。また、３カ月間で延べ２４０人を動員し、ハンジングループの税務調査を行い、１兆３９５億ウォンを不正に流用していたことを突き止め、５４１６億ウォンの追徴税を課した。そして、この事件を機に趙重勲氏は経営の第一線から退くこととなった。

ちなみに、趙重勲氏の孫娘に趙顕娥（チョ・ヒョンア、２０２３年にチョ・スンヨンに改名）氏がいる。趙顕娥氏といってピンとくる人は少ないかもしれないが、いわゆる「ナッツ・リターン事件」を起こした「ナッツ姫」といえば、思い出す人が多いかもしれない。２０１４年12月、ジョン・F・ケネディ国際空港において、離陸に向けて滑走路を走行していた大韓航空機で、ファーストクラスの席にいた当時大韓航空副社長の趙顕娥氏が、乗務員によるナッツの出し方に激怒し、搭乗機をゲートに引き返させ、機内サービス責任者を降ろし、運航を遅延させた出来事だ。この事件によって大韓航空に対する不買運動などが起こり、財閥の二世や三世に対する世間の目が厳しくなるきっかけにもなった。なお、ヒョンア氏は実弟の趙源泰（チョ・ウォンテ）ハンジングループ会長と大韓航空の経営権を巡って訴訟を起こすなど（2022年9月に事実上敗訴）、いまだにトラブルメーカーとなっている。

そんな歴史も持つ大韓航空であるが、ハンジングループにおける主力企業であることは間違いなく、近年は航空機の開発や製作事業まで手がける航空宇宙産業の総合企業として、釜山にある大韓航空テックセンターを中核として、航空機および部品の開発、衛星および発射体の開発、無人航空機開発や航空機の改造、性能改良など多様な事業を展開している。2000年代初頭から無人機の開発にも取り組んでおり、近接監視用の無人機をはじめ、監視偵察用無人機やハイブリッド・ドローン、中高度無人機などへの研究開発投資を拡大している。

韓国の国土交通省が主管するUAM（アーバン・エア・モビリティー、空飛ぶクルマ）の開発にも参画しており、開発プロジェクトを通して、UAM運行会社に必要な統制システムや模擬システムも開発している。統制システムは、運行会社の飛行計画、飛行監視およびスケジュール管理に使用するシステムで、気象、空域、通信、バーティポート（空飛ぶクルマが利用する離着陸場）など、運行のための情報まで提供することを目指している。模擬システムは、飛行準備段階から飛行終了まで全過程を模擬するシステムで、UAMの安全運航が可能かどうかを確認できる。

大韓航空はさらに、無人航空機用統合管制システムの開発や、全飛行過程を安全に運用するための基盤の構築にも取り組んでいる。こうしたシステムをベースに、UAMの飛行計画、飛行状況の確認、非常時の対応などを総合的にマネジメントする交通管理事業者向けの管理システムも開発しており、UAM関連の動作をデジタルツイン（実在する施設・設備などのコピー環境をデジタル空間上に再現したもの）でシミュレーションする技術の開発にも取り組んでいる。

現在、大韓航空は、旅客機137機、貨物機23機を保有。世界40カ国・111都市に運航し、世界と韓国をつなぐ重要な役割を担っている。2020年11月には韓国航空業界№2のアシアナ航空との合併を打ち出している（2024年2月にEU競争当局から承認を得て、合併に向けて残りは米国での承認のみである）。

物流は「経済の血液」や「産業の血液」とも称され、大韓航空とアシアナ航空という韓国2大航空企業の合併により、「韓国経済の血液」として、その存在感がさらに高まっていくことは間違いない。

ハンジングループの売上高

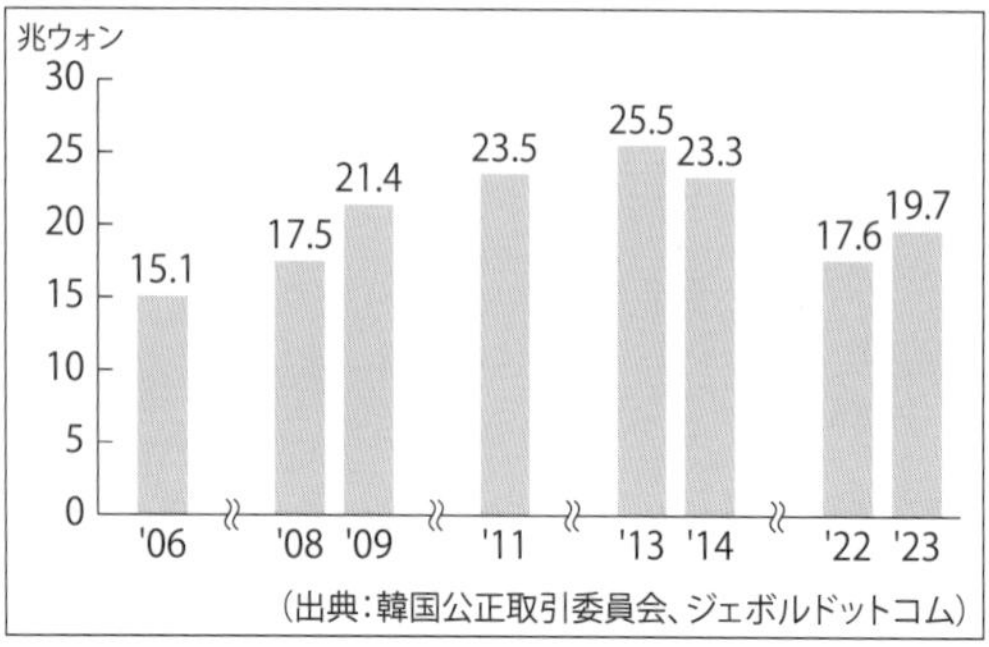

（出典：韓国公正取引委員会、ジェボルドットコム）

主力の航空事業を拡大

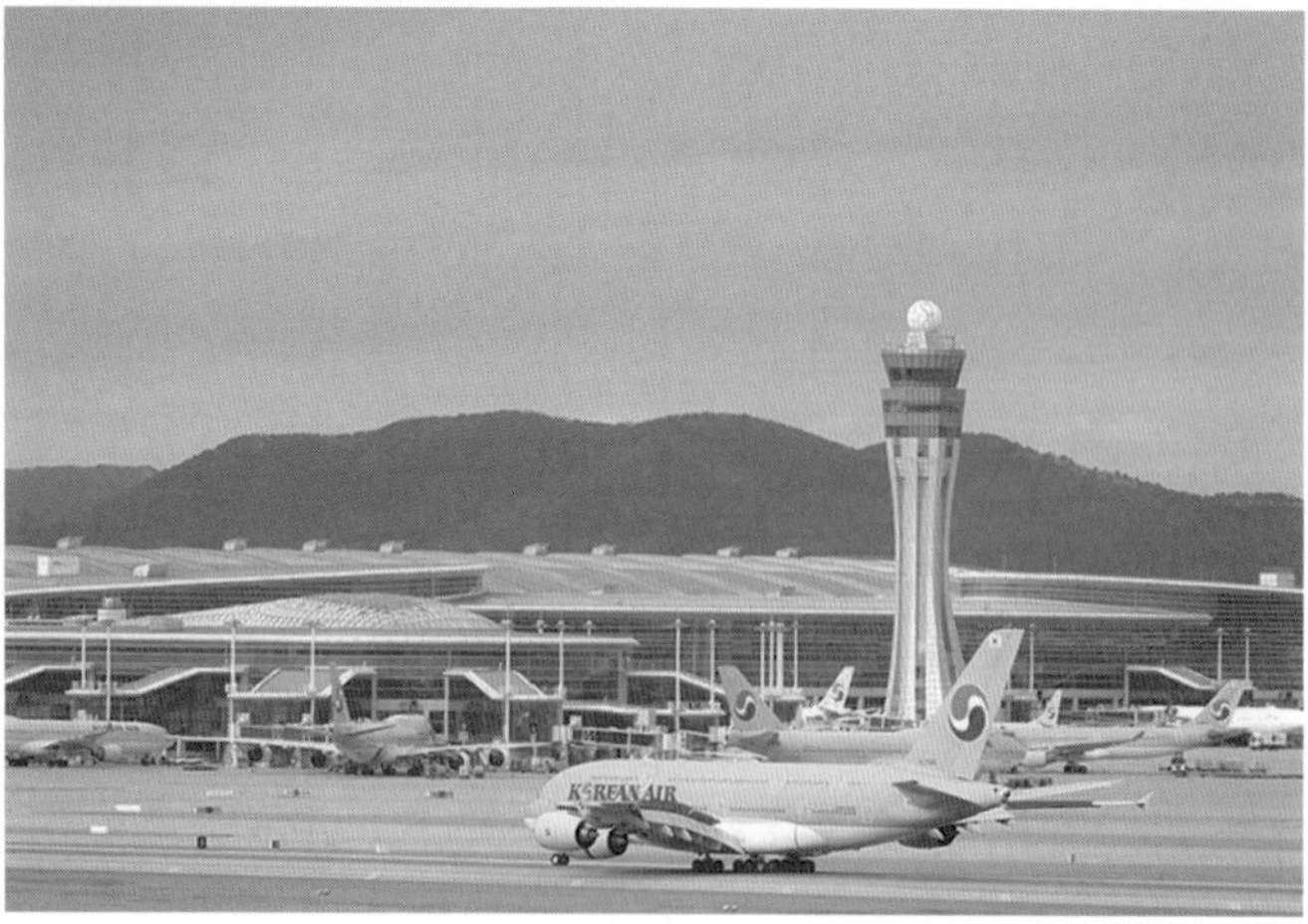

大韓航空は世界と韓国をつなぐ役割を担う

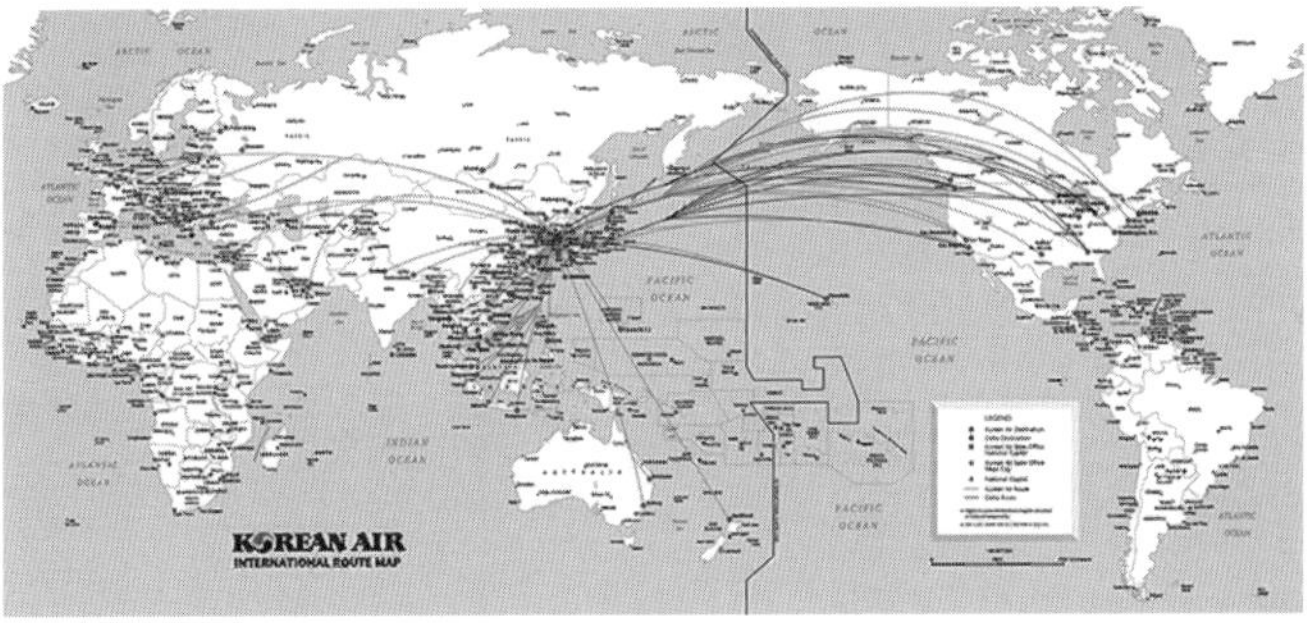

■カカオグループはＩＴで初の財閥に、モバイルファースト戦略を駆使

韓国財閥は、１９６０年代以前に創業した企業が多い。しかし、韓国財閥企業ランキングにおいて15位（２０２４年基準）に位置するカカオグループは、１９９５年に設立されたダウムコミュニケーションと２００６年に設立されたカカオ（旧ＩＷｅＬａｂ）が基盤となっており、２０１４年に両社が合併したことでダウムカカオが誕生し、２０１５年にカカオグループとなった。

韓国における総合ＩＴ企業の先がけとして、韓国最大のメッセージアプリ「カカオトーク」を主力に、プラットフォーム、運送、コンテンツなどの分野でも事業を拡大し、現在韓国で最大規模のＩＴ企業となっている。系列会社１２８社で構成され、売上高は11兆４４２０億ウォン、資産総額は35兆１２７０億ウォン（いずれも２０２３年末基準）を誇る。

カカオグループの主力会社であるカカオは、カカオトークやインターネット・ポータルサイト「ダウム」（Ｄａｕｍ）をはじめ、モバイル・インターネットベースのｅコマース、モビリティー、金融、ゲームなど幅広い事業を展開している。カカオの２０２３年における売上高は前年比11％強増の７兆５５７０億ウォン、営業利益は同19％減の４６０９億ウォンで、カカオグループの売上高の約66％を占める。２０２４年は新型コロナによるパンデミック終息後の景気回復などを背景に、ある程度の増収増益が予測されている。

カカオグループの創業者である金範洙（キム・ボンス）氏は、１９６６年に韓国全羅南道潭陽郡の農家に生まれ、名門ソウル大学の工学部を卒業後、同大学院の修士号を取得。現在はカカオ未来イニシアティブセンター長、ソウル商工会議所副会長、国立オペラ団理事長などを兼務している。金範洙氏は１９９８年にサムスンＳＤＳ（サムスン系列のＩＴサービス専業企業）の研究所に入所して研究開発に従事するとともに、カカオのコアメンバーとなるエンジニアらに出会い、２００６年にカカオの前身となるＩＷｅＬａｂを設立した。ＩＷｅＬａｂ米国法人を２００８年に閉鎖するなど事業は決して順風満帆ではなかったが、米国でiＰｈｏｎｅが人気を博している状況をみて、２００９年にスマートフォン向けプラットフォームの開発会社を買収してモバイルアプリケーションのエンジニアを増員するなど、モバイルファーストの戦略を推進する。これが現在に至るまでの事業成長につながる英断となる。そして２０１０年からは、カカオトークやグループコミュニケーションアプリ「カカオアジト」など、カカオ・ブランドのサービスを積極的に市場へ投入していく。2010年9月には社名もカカオへ変更し、事業規模を拡大していった。

勢いに乗ったカカオは次なる手として、インターネット専門銀行「カカオバンク」の設立を計画し、2015年に予備認可を取得した。しかし、ここで問題が発生した。このころ急速な事業拡大を続けていたカカオは総資産が5兆ウォンを突破した。韓国では当時、資産が5兆ウォン以上の企業は大企業集団（財閥企業）と位置づけられた。そして財閥は「金産（金融と産業）分離」に基づいて、銀行の株式を10％以上（法的には4％、金融委員会が許可した場合で10％）所有できない決まりであったため、カカオはインターネット銀行が経営できなくなった。その後、韓国公正取引委員会が財閥の基準を資産5兆ウォンから10兆ウォンに引き上げたことで一時的に回避されたが、2019年にカカオの資産規模は10兆ウォンも突破。結果的には規制緩和などにより、カカオはインターネット銀行業を運営しながら財閥企業にも分類され、IT企業としては韓国初の財閥企業となった。

2020年にはウェブトゥーン（韓国発のウェブコミックの一種）市場の強化のため、日本の出版大手KADOKAWAの株式4・9％を取得。2021年にはKADOKAWAの株式保有比率を7・3％まで拡大した。同時期は新型コロナによるパンデミックに伴い、ITインフラやインターネットサービス企業に対する需要が急増したタイミングであり、カカオグループの業績も急速に拡大。特に2020年1~3月期は過去最高の売上高や営業利益を達成しただけでなく、KOSPI（韓国総合株価指数）において現代自動車グループなどを上回って、株式の時価総額でトップ10に入り、韓国経済界を驚かせた。

カカオは、韓国最南端の済州島に本社ビルを構えるが、「板橋アジト」（京畿道城南市、カカオは拠点オフィスをアジトと称する）が中核拠点の役割を担っている。欧米のIT企業でみられるように、カカオも働き方の自由度などが高く、全従業員が英文名を使うなど、カジュアルなコミュニケーションが社内には広がる。企業の公式発表にも口語体の文章を用いることがあり、ユーザーがカカオに対して親近感を持つことにもつながっている。また、カカオトークの友人にプレゼントすることができる機能、キャラクターグッズの「カカオフレンズ」、配車サービスなどを手がけるカカオモビリティ社などは計画当初、カカオ社内で反対意見が多かったが、カカオの社員が熱い思いをもって上層部を説得して実現した取り組みであり、韓国企業は「戦略的な優先順位」という名目のもとで新規プロジェクトが頓挫するケースが多いが、カカオにはチャレンジ精神を尊重する土壌もある。

このような企業文化によって、カカオは2017年に韓国IT業界のなかで最も就職したい会社№1に選ばれた。それと同時に、カカオは転職率が最も高い会社としても知られる。自由な企業文化に魅力を感じて多くの優秀な人材が入社を希望し、そして様々なことに熱意を持って取り組んだ結果、能力が着実に向上し、独立やヘッドハンティングなどによって巣立っていく人も多いというわけだ。

こうした成長を遂げてきたカカオであるが、直近は風向きが変わりつつある。近年、ＩＴ大手による支配的な地位の乱用を防止する動きが世界中で加速しており、例えば、欧州ではＤＭＡ（デジタル市場法）の運用が進んでいる。そして韓国でもネイバーやカカオのような巨大プラットフォーム企業に対する牽制機運が高まっており、韓国世論もＩＴ大手企業に対する規制に賛同する向きが強くなっている。いうまでもなくカカオにとってこうした動きは大きな打撃で、韓国におけるカカオトークの利用率が９割を超えることにより、韓国国内におけるビジネスの比率が高いことからネイバーよりも影響が大きいといえよう。

２０２２年にカカオトークの大規模障害が起こった際にも批判が高まった。カカオが提供するサービスは、カカオトークをはじめ、地図、オンライン決済、配車、ストリーミング再生、ゲームなどがあり、韓国におけるインフラの一部といってもよい存在となっており、自由な社風を持つ先進ＩＴ企業から、韓国のインフラを担う責任ある企業へと変わることが必要な時期にきている。

カカオの年間業績

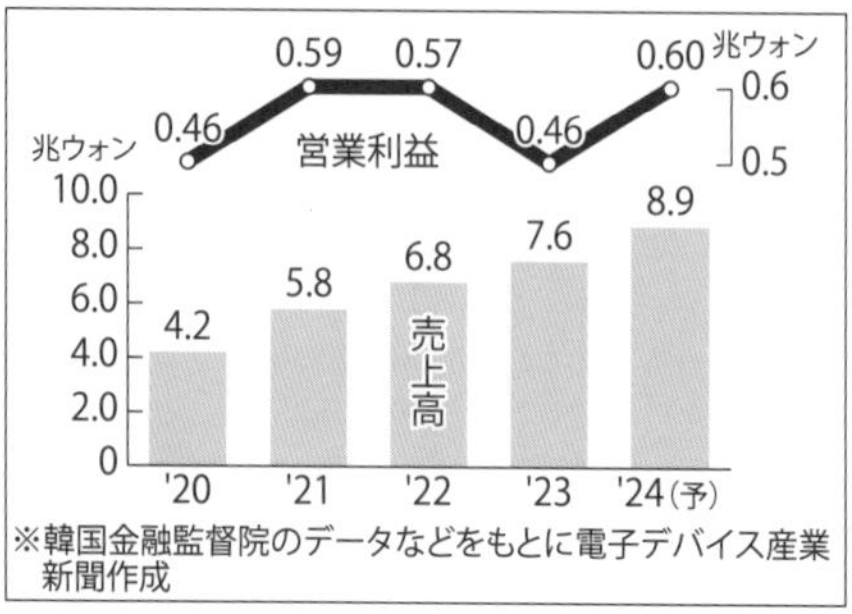

城南市にあるカカオの「板橋アジト」

配車サービスなども展開

カカオトークは韓国で９割以上が利用している

■ＬＳグループは独立してB2Bを拡大、ＥＶ関連や再エネなど幅広く

これまで本書に登場した韓国財閥の多くでは、創業者をはじめとした一族のなかで経営権などを巡る骨肉の争いが起こっている。しかし、そうした話が一切ない財閥も存在する。それがＬＳグループだ。２００３年にＬＧグループの電線部門や金属部門が独立するかたちで設立されたＬＳ電線やＬＳ Ｍｅｔａｌをはじめ、産業用の電気・自動化ソリューションなどを手がけるＬＳ ＥＬＥＣＴＲＩＣ（旧ＬＳ産電）などで構成される。ＬＳという社名は２００５年から使用しており、「Leading Solution」の略とされ、韓国財界ランキングでは16位に位置する。

現在、67社のグループ企業を抱え、成長事業として海底ケーブル、スマートグリッド、高圧直流送電、車載電装品、海外資源開発などといったグリーン・ビジネスなどを強化している。主要グループ企業であるＬＳ電線は、超伝導ケーブルや超高圧ケーブルに関する世界トップレベルの技術を有する。

ＬＳ－Ｎｉｋｋｏ Ｃｏｐｐｅｒは韓国唯一の銅製錬メーカーとして存在感を発揮しており、世界トップクラスの製錬キャパシティーとコスト競争力を備える。主力の銅製錬事業では、品質の競争力で世界トップクラスを誇り、銅鉱石やプリント基板などのリサイクル原料から貴金属やレアメタルを回収・販売する貴金属事業も展開。また、化成品事業では、銅製錬の過程で発生する亜硫酸

ガスを捕集し、硫酸や高純度硫酸（ＰＳＡ）を生産しており、ＰＳＡはサムスン電子やＳＫハイニックスなどの韓国大手半導体メーカーに洗浄用として使用されている。

そのほか、韓国における各業界の牽引役となっている企業を多数抱え、コア技術の韓国国産化、Ｍ＆Ａ、グローバル成長戦略などをベースに、独立した２００３年に7兆３５００億ウォンだった売上高は、２０１３年には26兆９６５８億ウォンと10年間で３・7倍に拡大した。

だが、２０１３年に原子力発電所向け部品の試験結果の改竄や談合事件が起こり、成長を続けてきたＬＳグループは２０１４年に踊り場を迎えた。また、ＬＳ電線の子会社であるＪＳ電線が上場廃止となり、２０１４年5月にはＬＳ－Ｎｉｋｋｏ Ｃｏｐｐｅｒの蔚山工場で事故が発生。同年7月には韓国国税庁の調査により、ＬＳ電線に高額の税金が課せられた。こうしたネガティブな要素が影響し、独立後10年間で３・7倍に拡大したＬＳグループの２０２３年売上高は34兆５６８０億ウォンで、２０１３年から１・28倍の成長にとどまっている。

ＬＳグループは、電気、電子、素材メーカーなどの関連事業を中心にＭ＆Ａを通して拡大してきた典型的なＢ２Ｂ企業だ。そのうち、ＬＳ ＥＬＥＣＴＲＩＣは、電力、自動化、金属、ＩＴ関連の事業を展開している。電力事業においては、電力の送電・供給に必要なソリューションを中心に、各種電力情報の管理および制御を通じて発電設備の運用やエネルギー使用の効率化に貢献。また、太陽光発電システム向けＥＰＣ（設計、調達、施工）事業やＥＳＳ（エネルギー貯蔵システム）関連のシステム構築事業など再生可能エネルギー関連の取り組みも進めている。

自動化事業では、ＰＬＣ（プログラマブルロジックコントローラー）やインバーターのほか、システム製品、産業用通信機器、無線監視制御、熱画像監視制御システムなどを展開。自動車、半導体、ディスプレー、エレクトロニクス関連の工場で主に活用されており、ＬＳ　ＥＬＥＣＴＲＩＣの売上高の14・８％を占める。

ＩＴ事業では、ＥＲＰ（Enterprise Resources Planning）システムの設計、構築、保守メンテナンスといったＩＴシステムの事業をＬＳグループの系列会社を中心に提供している。こうした幅広い事業展開によって、ＬＳ　ＥＬＥＣＴＲＩＣの２０２３年における売上高は前年比25％増の４兆２３０４億ウォン、営業利益は同73％増の３２４８億ウォンと大幅な増収増益を達成した。

ＬＳ電線の傘下企業であるＬＳマテリアルズは２０２３年４月に韓国株式市場に上場し、エネルギー関連材料や部品を手がけるメーカーとして存在感が増している。同社は、大型のウルトラキャパシタ（電気二重層コンデンサー）市場におけるグローバルトップメーカーである。ウルトラキャパシタは、リチウムイオン電池（ＬｉＢ）などの２次電池と比べると、エネルギー密度（単位重量または容積あたりに蓄えられるエネルギーの量）が劣るが、出力密度（単位重量または容積あたりで瞬間的に取り出すことができる電力の大きさ）では優位性があり、大電流での充放電の繰り返しによる性能劣化が極めて少なく、寿命が長い。ＬｉＢにない特性を活かし、ＬｉＢと相互補完的な役割を担う蓄電デバイスとして、風力発電システム、ＵＰＳ（無停電電源装置）、ＡＧＶ（無人搬送車）などで採用されている。ＬＳマテリアルズは２００２年からＬＳ電線内で研究開発を開始し、これまでにグローバルで５００社以上にウルトラキャパシタを供給しており、今後さらなる採用拡大が見込まれている。また、ＬＳマテリアルズは、グループ会社のＬＳアルスコにおいてＥＶ向けのアルミニウム新素材事業に取り組んでおり、ＥＶ充電ステーション向けの定置型蓄電池や水素燃料電池分野なども注力領域に定めている。

ＬＳ電線アジアは２０２３年12月にＬＳエコエネルギーに社名を変更した。海底ケーブルとレアアースなどの新事業に向けて、環境にやさしいエネルギー企業への飛躍を目指す。同社はＬＳ電線子会社のＬＳ　ＥＶコリアやＬＳ　ＥＶＣなどを中心に、ＥＶ向けハーネスやモーター向け巻き線などといったＥＶ向けコア部品を供給している。ＬＳエコエネルギーは、２０２３年末にベトナム石油技術サービスグループと海底事業のための協約を締結するなど、海底事業の拡大も進めている。

さらに、レアアース酸化物事業にも参入。海外で精製済みのネオジムなどを韓国内外の総合商社とコラボして、永久磁石メーカーなどに納める計画だ。ネオジムは永久磁石のコア原材料であり、

LS エレクトリックの業績

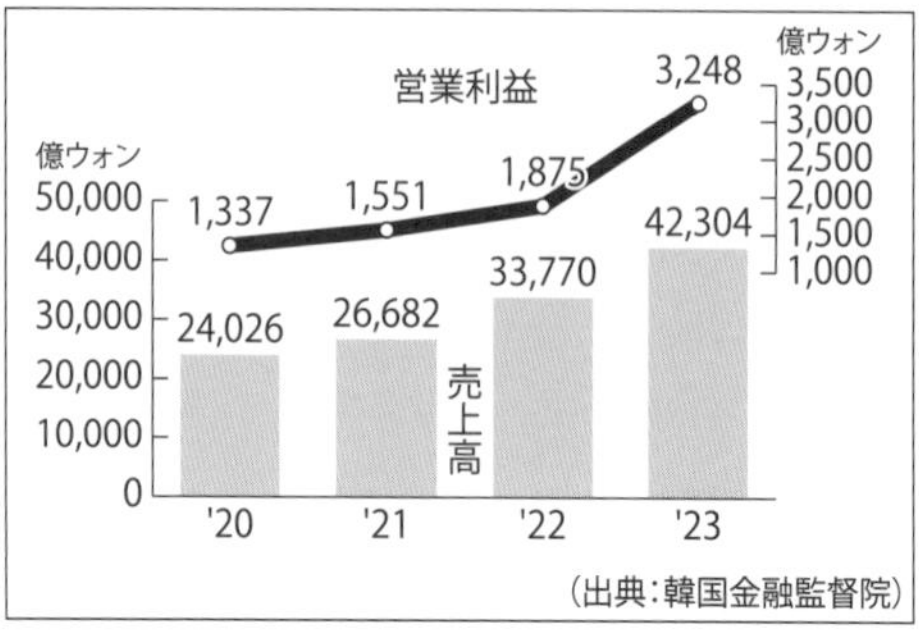

韓国のバッテリー展示会にも出展

EV 向け部品の取り組みを強化

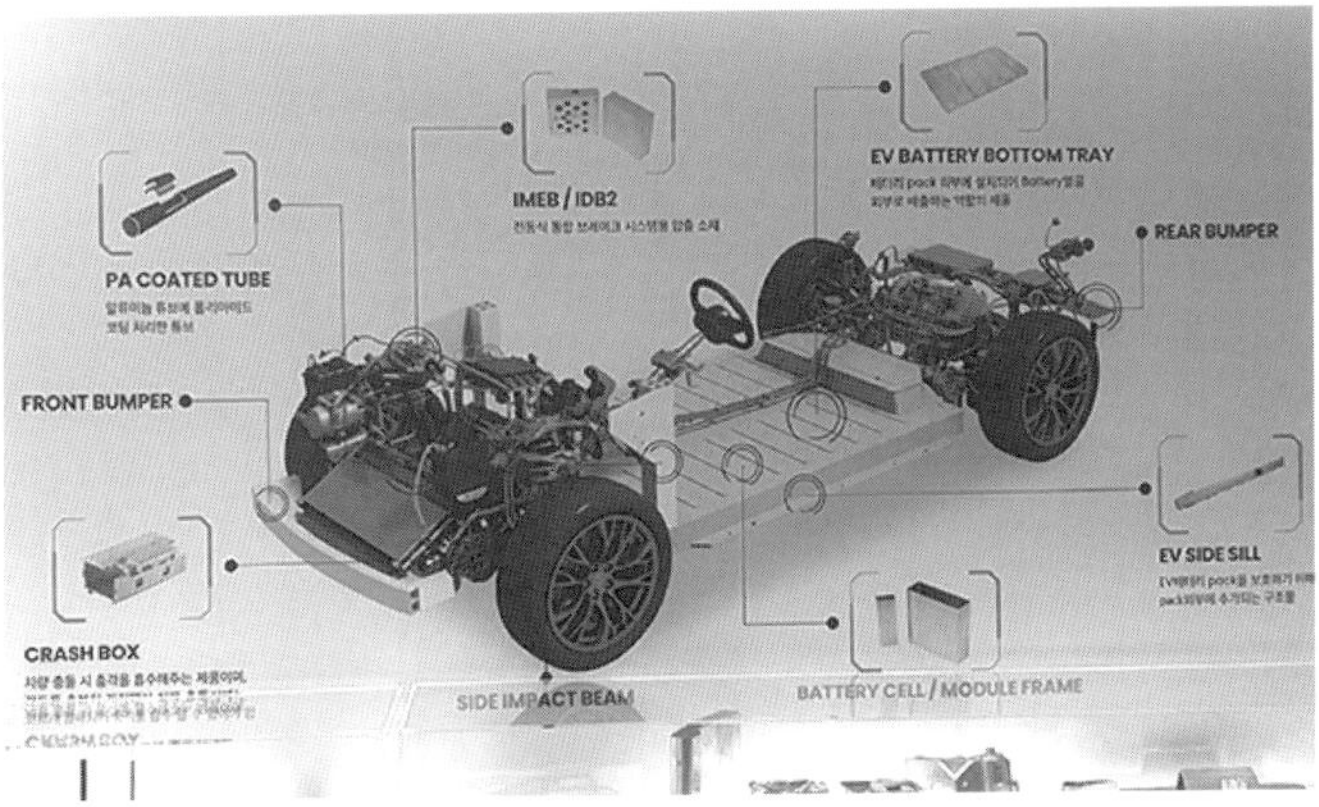

韓国半導体メーカーに供給する洗浄用 PSA 製品

世界供給量の90％強が中国で生産されており、韓国需要の大半も中国産に依存している。そこで同社は新事業を通してさらなる成長戦略を強めつつ、国家次元で進めるレアアースのサプライチェーン強化政策にも寄与したいとしている。

このように、ＬＳグループは、独立時から展開している電線や金属に関する事業に加え、近年は太陽光、海上風力、ＥＶなどの新事業の創出に取り組んでおり、グループ内における新エネルギー分野のシナジーを創出することで、韓国経済に新たな息吹をもたらそうとしている。

■斗山グループは韓国初の１００年企業、ガスタービンやロボットを強化

現在、世界には創業１００年以上の企業、いわゆる１００年企業が約8万社あるとされる。そのうち日本には約3万７０００社の１００年企業があり、世界で最も多い。では韓国には１００年企業が何社あるのか。実は2社しかない。

李氏朝鮮時代における農業中心の王朝国家と日本の植民地時代を経て、企業という概念が根づかない社会構造であったことが要因であるが、そんな韓国において2社しかない１００年企業のうちの1社が斗山（ドゥサン）グループである。大韓帝国時代の１８９６年にソウル鐘路にて創業した「パク・スンジック商店」がその始まりで、斗山の社名は、創業者である朴承稷（パク・スンジック）

氏が「米1斗（15kg）、2斗を積み、大きな山にせよ」という意味で名づけたとされる。ちなみに、韓国におけるもう1社の100年企業は製薬会社の同和薬品（1897年創業）である。

ドゥサンは設立当時、生地（布地）問屋を営んだ。ビジネス術に優れていた朴氏は、朝鮮国内で生産される布地のほか、日本と中国で生産された高価な輸入布地を取り扱い、パク・スンジック商店は常に繁盛していた。そのなかで朴氏は常連客への礼として化粧品をプレゼントした。そしてそれが好評を博して1916年に化粧品工場を建設し、「朴家の粉」という商品が大ヒットした。朴氏は日本帝国資金から朝鮮商圏を守るために広蔵市場（ソウル鍾路エリア）の代表にも就任し、1925年にパク・スンジック商店を株式会社化した。

朴氏はビジネスを進める過程において、2009年に伊藤博文（初代内閣総理大臣で初代朝鮮統監）氏が逝去した際の「国民大追悼会」の発起人を務めるなど、親日行為で非難されたこともある。なお、日本に帰属する財産である昭和キリンビルの管理人に選任された朴氏の息子は、1952年に東洋ビルを韓国政府から譲渡され、OBビルというブランドを誕生させた。そして1978年まで、グループ名は斗山グループではなくOBグループとして知られていた。ちなみに、2016年から斗山グループの代表取締役副会長職を担う朴廷原（パク・ゾンウォン）氏は創業者からみて4代目にあたる。

主力会社であるドゥサンエナビリティ（旧斗山重工業、慶尚南道昌原市）は、2024年を「発電用大型ガスタービンの受注を拡大する元年」と位置づけており、ガスタービン部門の累積受注額を2028年までに7兆ウォン（約7778億円）まで積み上げる計画だ。また、こうした取り組みを土台に、水素タービンにおける展開も先行して取り組む考えだ。同社は2019年に日米独伊に次いで世界5カ国目となる大型ガスタービン開発に成功。韓国の金浦熱併合発電所に初めて供給した大型ガスタービンは、2023年において2兆2000億ウォン分の製品を受注した。これは同社の2023年における受注高8兆9000億ウォンの25％に相当する。なお、同社の2023年における売上高は前年比14％増の17兆5898億ウォン、営業利益は33％増の1兆4673億ウォンであった。

韓国政府は「第10次電力需給基本計画」において、LNG（液化天然ガス）の発電設備容量を2023年の43・5GWから2036年に62・9GWまで増やす方針を示している。これをガスタービン受注の好機と捉え、ドゥサンエナビリティは、2028年までに韓国だけで7兆ウォン以上の受注を目指しており、2024年の受注高は3兆7000億ウォンを計画している。

また、水素タービンについては黎明期であるため、先行して取り組むことで今後の主導権を確保したい考えだ。その一環としてドゥサンエナビリティは、2020年から韓国産業通商資源省の国策課題として水素混焼50％を目標に、高効率Ｈクラスの水素タービンを開発している。高効率Ｈクラスの水素タービンは、１５００℃強の高温に耐えられる超耐熱合金材料で製作している。従来の水素タービンに比べて燃料費は年間約４６０億ウォン低減し、追加炭素排出は年間約5万ｔ低減できる。既存のＬＮＧ発電用タービンと比較すると、最大で23％まで炭素排出の低減が可能だ。同社はとりわけ、２０２７年をめどに世界初の４００ＭＷ級の超大型水素全焼タービン開発にリソースを割いている。

斗山グループでは、ロボットも注力分野として捉えており、２０１５年に設立した協働ロボット専業メーカーのドゥサンロボティクス（京畿道水原市）がその中核を担っている。23年における売上高は５３０億ウォン、営業損失は１９２億ウォン。

２０１８年初頭より製造ならびに販売を開始し、韓国、欧州、中国、米国、日本など19カ国以上に販売代理店網を設けており、ＭＡＨＬＥ、Ｂｏｌｔａ（ボルタ）、ロレアル、コンチネンタル、ＬＧエレクトロニクス、ＬＧ化学、ポスコ、現代自動車などへの導入実績を持つ。日本では、住友商事グループの機電総合商社である住友商事マシネックス㈱（東京都千代田区）が総販売代理店を務めている。斗山グループと住友商事マシネックスの親会社である住友商事の関係性があったことなどから、２０１９年10月に住友商事マシネックスが日本における総代理店となった。

ロボットアームの6軸すべてに0・2Nの高感度トルクセンサーが搭載されており、安全性が非常に高く、押し付けの力を調整しながらの嵌め合い作業やバリ取りなど、繊細な力加減が要求される倣いなどの用途で優れた精度を実現できる。また、優れたコストパフォーマンスを合わせ持つことでも評価を得ている。

ティーチングも非常に簡易で、例えば、タッチパネル操作でアイコンをドラッグ&ドロップする手法でティーチングが行える。PCでのシステムアップなども可能で、ダイレクトティーチ（オプション）に関しても、Z軸固定やXY平面固定などができるため優れた精度でのティーチングが行える。

そして現在、協働ロボットに搭載する部品について韓国製品の採用を拡大している。ロボット向け中核部品である減速機を韓国製にすることでサプライチェーンを強化し、協働ロボットのコスト低減に取り組む考えで、韓国のパートナー企業と取り組みを加速している。韓国協働ロボット産業に詳しいソウル証券街のアナリストは「韓国製部品を長く使用すると、摩耗したり壊れたりするなど耐久性に問題が生じ、実際に協働ロボットに採用できない事例があった。だが、韓国部品メーカーの技術や品質が検証されれば、ドゥサンのような大手企業が韓国製部品の採用を広げることにより、韓国ロボット産業のエコシステム発展においても肯定的なシグナルになろう」と分析する。

ドゥサンエナビリティの業績

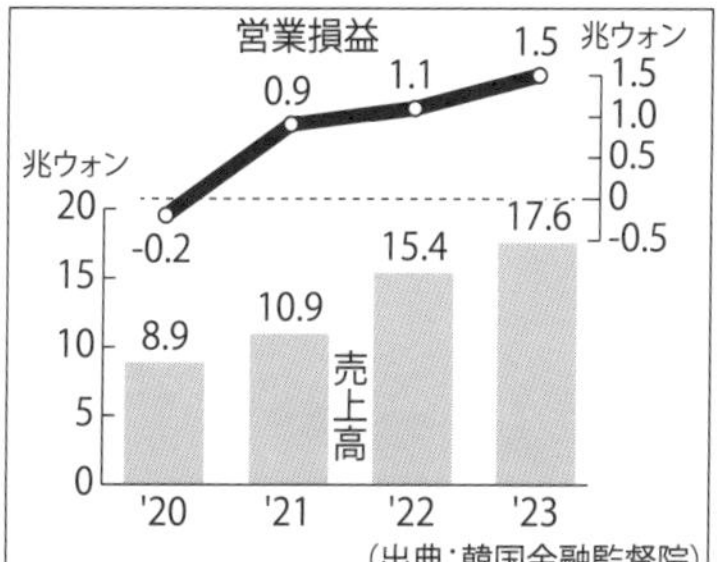

（出典：韓国金融監督院）

ドゥサングループの本社ビル

ガスタービン事業が拡大

（写真提供：ドゥサンエナビリティ）

ドゥサンロボティクスの協働ロボット

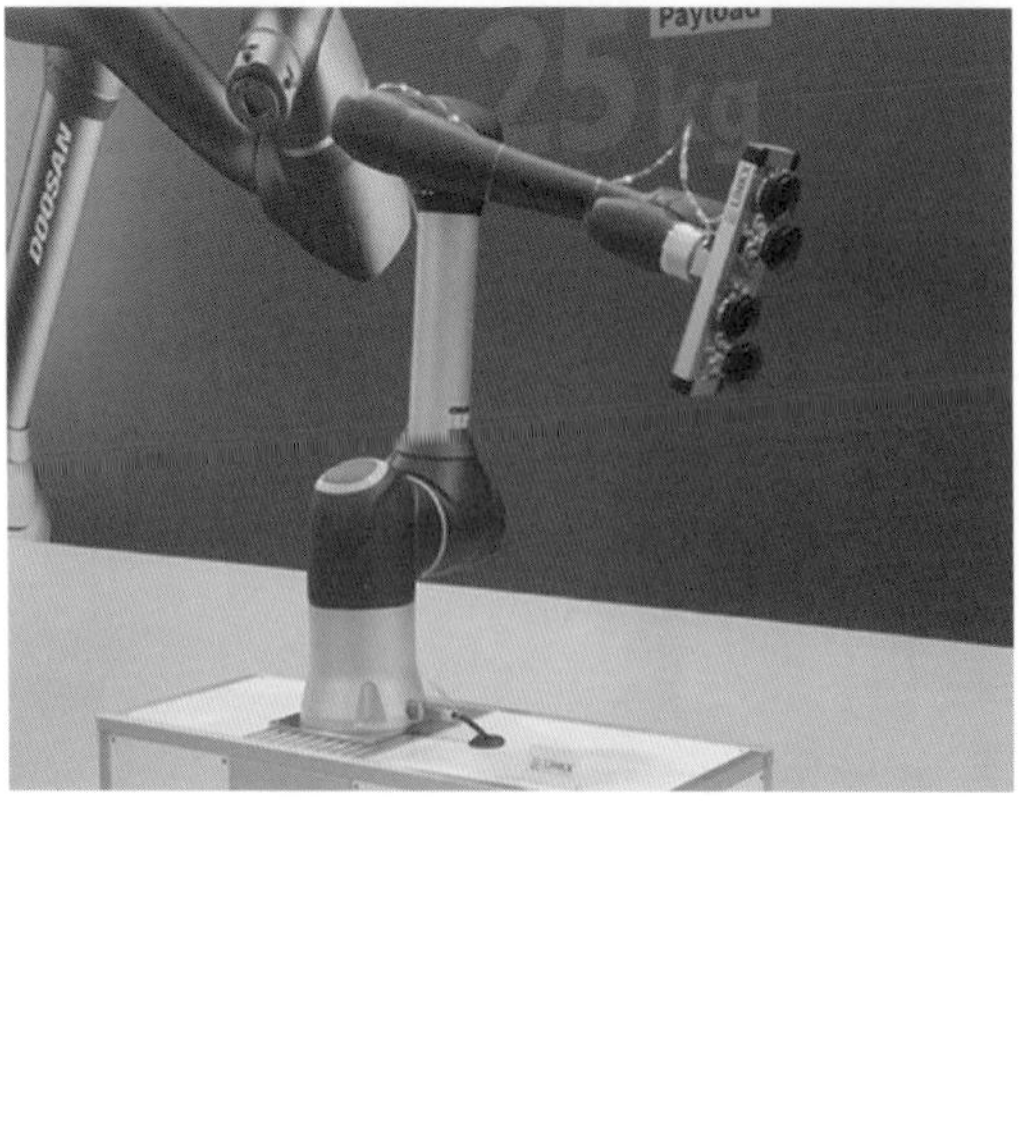

ドゥサンロボティクスは、韓国水原工場の増設を通してキャパシティーが拡大することで、量産効果による追加のコスト低減が可能になるとみている。なお、水原工場のキャパシティーは年産2200台（2023年末時点）で、これを2024年末までに4000台へ拡大する計画を進めているという。

■建材卸からスタートしたDLグループはエコビジネスに総力戦で臨む

DL（旧大林産業）グループは、1939年に「冨林商会」という建設資材の卸売業から事業を開始した。そして1947年に建設業を主とした「大林産業」に改名し、朝鮮戦争後の1954年に「ソウル証券」を設立して金融業にも参入した。ベトナム戦争の特需により1960年代に急成長した大林産業は、1970年代に中東市場にも進出し、業績を拡大することとなる。そして、それをシードマネーとして大林コンクリート、大林窯業、大林興産、大林通産、大林エンジニアリングなどを設立・運営し、1970年代に韓国財閥ランキングでトップ10入りを果たした。

1978年には自動車部品メーカーの大林工業を設立し、二輪車の生産をスタート。翌1979年には企業の買収や合弁を通じて石油化学事業にも参入し、2000年には統合マンションブランド「E-Pyeonhansesang」を立ち上げ、韓国初の斜張橋「西海大橋」（橋の長さは韓国第3位の7310m）も完成させた。そして2021年には大林の韓国語読みである「DaeLim」の頭文字をとり、DL建設へ社名を変更し、DLグループが構築された。現在、系列会社として、DL E&C（建設事業）、DLケミカル（石油化学事業）、DLエネルギー（エネルギー事業）、DLモーターズ（自動車）など45社を抱え、グループの総売上高は12兆9560億ウォン（2023年実績）、資産総額は26兆7690億ウォンで、韓国財閥ランキングで18位に位置する。

DLグループは、ホールディングス体制を敷いており、DL E&C、DLケミカル、DLエネルギーといった企業で、それぞれ建設、石油化学、エネルギー事業などに集中する体制をとっている。また、ホールディングス体制によって李海旭（イ・ヘウック）代表取締役会長の支配力が強化されている。李会長はDLグループの持ち分会社である大林の筆頭株主で50％強の株式を確保している。韓国公正取引委員会は李海旭氏のDLグループに対する支配力強化を認めており、2023年4月に公示対象企業集団の現状を発表する際に、DLグループの同一人を名誉会長の李俊用氏から李海旭氏へ変えている。公取委は李会長が2019年に就任し、大林の持分52・26％を保有する最多出資者としての議決権を確保した点、2021年以降に経営上の主要な議事決定を主導した点などを挙げて同一人に変更した。

ちなみに李会長は、DLグループ創業者である李裁濬（イ・ジェジュン）氏の孫にあたる。李会長は米デンバー大学で経営統計学を学び、コロンビア大学院では応用統計学で修士号を取得。１９９５年に大林エンジニアリングへ入社した。近年は自分の運転手に対する暴言や暴行といったパワーハラスメントにより、1年間で40人の運転手を入れ替えたことでも知られている。

ＤＬグループは支配構造を変えつつ、グローバルへの飛躍を打ち出し、各事業別に競争力の確保を目指している。ＤＬ　Ｅ&Ｃでは、高収益中心の事業ポートフォリオの拡大に踏み切っており、単純な建設施工から脱却し、環境に優しいエコビジネスや原子力発電事業などへ事業の領域を広げている。ＤＬケミカルは、２０２３年8月にカーボンニュートラル関連の取り組みを専業で行うカーボンコ（ソウル市鍾路区）を設立した。カーボンコはＣＣＵＳ（分離・貯留したＣＯ２の利用）事業をはじめ、エコ水素やアンモニア事業も進める。豪州を筆頭に海外事業を拡大し、ＣＣＵＳ事業で２０２４年末までに累計受注1兆ウォンの達成を目指す。

さらに、小型モジュール炉（ＳＭＲ）事業への投資も決めている。ＤＬ　Ｅ&Ｃ（ソウル市鍾路区）は２０２３年1月、ＳＭＲ開発企業のエクスエネルギー（Ｘ－ｅｎｅｒｇｙ、米メリーランド州）に２０００万ドルを投じている。エクスエネルギーは非軽水炉型第4世代ＳＭＲ分野で先行する1社。技術の安定性と経済性を土台に、米国政府の資金支援を受けて、２０２９年の実用化を目指して製品開発を進めている。

DL E&Cは今後、エクスエネルギーとSMRプラント事業とのシナジーを創出し、エネルギー事業分野における事業機会の創出と競争力のアップを狙う。なお、エクスエネルギーのSMR技術は電力生産に加え、多様な産業への活用性が高い。SMR稼働時に発生する600℃強の高熱を、他のエコエネルギー源である水素およびアンモニアの生産に活用できる。DL E&Cは、韓国内外で水素関連プラントの設計から施工まで手がけた実績を有しており、SMR事業のノウハウも融合した水素バリューチェーンを構築し、環境に優しい新事業のポートフォリオを拡大していく計画だ。

DLケミカル（ソウル市鍾路区）も投資に積極的に踏み切り、事業拡大を進めている。2021年に米国企業と合弁会社を設立し、ホットメルト接着剤市場に参入。そこから約3年間の研究開発を経て完成した次世代リニアポリエチレン（熱可塑性樹脂の一種）向け材料の供給を開始している。また、同社は業界最高水準となる35％強のリサイクル原料を含んだ産業用包装パックの開発を完了するなど、エコ製品に対するグローバル市場の需要増に積極的に対応している。

さらに、2022年3月には化学会社のクレイトン（Kraton、米テキサス州ヒューストン）の全株式を16億ドルで買収。クレイトンは、高付加価値の機能性製品を製造するグローバル石油化学企業で、DLケミカルは買収を通じて高付加価値製品を中心としたスペシャルティーポリマー事業を強化している。なお、DLケミカルの2023年における売上高は4兆3437億ウォン、営業損益は396億ウォンの損失だった。今後、潤滑油や医療用新素材などの市場に参入し、2025年をめどにグローバルトップ20の石油化学メーカーへの飛躍を目指す。

DLエネルギー（京畿道抱川市）は、韓国と米国、豪州、パキスタン、チリなどに総数13件の発電事業を開発・投資するなど海外市場での取り組みを大胆に進めており、グローバル発電市場における開発事業者としての位置づけを確立したい考えだ。また、近年の世界的なカーボンニュートラルの動きに対応するため、風力、太陽光、バイオマスなど再生可能エネルギー由来の発電事業を強化しており、2023年7月にはロッテケミカル（ソウル市松坡区）とRE100達成に向けた再生可能エネルギー開発に関して業務提携を締結し、韓国南西部の麗水水素燃料電池発電所を開発している。1000億ウォンが費やされた同発電所は、8200㎡の敷地に18・5MW級の発電容量を備える。

DLグループは「建設と石油化学、エネルギーなど当グループの総力戦で差別化したエコビジネスに臨んでいる。グローバルでカーボンニュートラルおよびESG経営が進む流れに合わせて未来のエコ市場を開拓していきたい」と意気込む。このようにDLグループはエコビジネスを強めつつ投資を拡大しており、安定的な財務構造をベースに、これからも環境に優しい事業強化のための投

DLケミカルの年間業績

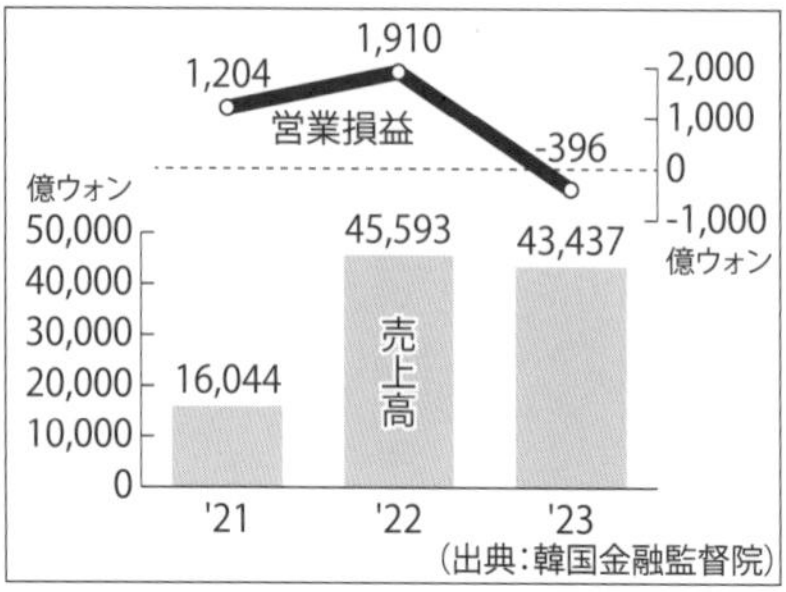

ソウル西大門にあるDLグループの本社ビル

ロッテケミカルとも業務提携

（写真提供：ロッテケミカル）

資を継続する見通しだ。

■ポータルサービス最大手のネイバーグループはＡＩにリソースをシフト

ネイバーグループは、１９９９年にネイバーコムというＩＴポータル企業として設立された。翌２０００年にはハンゲムコミュニケーションやサーチソリューションなどを吸収合併し、２００１年にネイバーコムからＮＨＮに社名を変更。そして２０１３年に現社名のネイバーとなった。２００２年にＫＯＳＤＡＱ市場に上場し、２００８年はＫＯＳＰＩ（韓国総合株価指数）に移転上場。２０２４年5月基準でグループ会社54社を抱えるネイバーの資産総額は22兆８０２０億ウォン、売上高は10兆７６１０億ウォン（約1兆1956億円）を誇り、韓国の企業グループで23位の規模を有する。

創業者の李海珍（イ・ヘジン、グローバル投資責任者）氏は1967年にソウルで生まれ、1990年にソウル大学の電子計算機工学科を卒業し、KAIST（韓国科学技術院、日本の東京工業大学）の電算学修士号を持つ人物だ。1992年にサムスングループのサムスンSDSに入社し、そのサムスンSDSで社内ベンチャーを起こして1999年に独立した。

ネイバーグループの本社は京畿道城南市盆唐区板橋に位置し、韓国以外に日本、米国、中国、台湾、シンガポール、ベトナムなどで海外法人を運営。インターネットポータルサービスをはじめ、データベース、オンライン情報提供、インターネット情報検索に関する事業を展開している。

韓国公正取引委員会（公取委）は、韓国企業グループのうち、系列会社の資産を合計して10兆ウォン以上の企業を大企業グループと定めている（ちなみに財閥グループと呼ばない理由は、財閥という言葉が持つマイナスのイメージの避けるため）。公取委は直前年度の連結業績をもとに、毎年4月1日に大企業グループを決定し、ネイバーは2021年に大企業グループに指定された。大企業グループになると、グループ会社同士の相互出資制限の対象となる。

2018年から韓国で施行された相互出資制限は、大企業グループの系列会社が互いの株式を取得または所有することを禁ずる法律で、違反した場合、違反金額の10％以内の課徴金、3年以下の懲役または2億ウォン以下の罰金が科される。

相互出資は、資本充実の原則を阻害し、架空議決権を形成して支配権を歪曲するなど、企業の健全性と責任性を損なうような出資形態であった。実際、2018年以前は大半の財閥グループが相互出資を乱発し、まるで蛸の足のように系列会社を増やしていた。そして、増やした系列会社は株式市場から資金を集めて再び投資を行う韓国型財閥が形成されていった。韓国の大手企業のなかでは歴史が浅い部類にあるネイバーも、2018年以前は韓国財閥企業と同じ手法でグループの規模を拡大してきた。

韓国ITポータル業界トップのネイバーは、ポータルサービスをベースに、広告、ショッピング、デジタル決済事業を展開。また、公共や金融分野を中心にクラウドをはじめとする多様なITインフラおよび企業向けソリューションを提供している。グループ会社として、ネイバー・フィナンシャルやネイバー・ウェブトゥーン（韓国発のウェブコミックの一種）などを抱え、さらにAIやロボティクスなど先端技術に対するR&D投資も継続して実施しており、技術の幅を広げている。

2013年には先端技術の研究部門として「NAVER LABS」を設立（2017年1月に研究開発子会社として独立）。AI、ロボット、コンピュータービジョン、マッピング技術などの開発を進めており、ロボット関連ではアーム型の「AMBIDEX」（アンビデックス）や自律移動型の案内ロボット「ＡＲＯＵＮＤ」などを開発した実績を有する。

２０２４年における売上高は前年比10％増の10兆６８５５億ウォン、営業利益は同15％増の1兆７１６１億ウォンを計画している。増収増益を計画する背景としては、韓国の政策金利の引き上げ基調が終了し、２０２４年は広告市場の回復が予想されることに加え、コマース・ソリューション事業の拡大を見込んでおり、全社売上高は10兆ウォンの大台を突破する見通しだ。

こうした成長を見せるネイバーにも厳しい時代があった。特に２０１０年ごろにネイバーの独占的な地位に対する牽制が強まり、公取委はネイバーに対して独占禁止法の違反に関する調査をたびたび行った。また、韓国の大手新聞社による牽制も強かった。しかし、そうした牽制以上に、スマートフォンの登場とともに始まったモバイル革命、つまりインターネット機器の主役がモバイル端末に移ったことが、ネイバーの独占的な地位を揺るがした。特に、現在韓国トップシェアを誇るメッセージアプリ「カカオトーク」が登場し、グーグルがＡｎｄｒｏｉｄをコアに韓国のモバイルポータル市場に攻勢をしかけていたことで、ネイバーはモバイル市場で厳しい立場に立たされた。

しかし、日本法人のＮＨＮジャパンで開発されたメッセージアプリ「ＬＩＮＥ」が日本とタイなどで大ヒットとなったことで風向きが変わった。ＮＨＮジャパンはＬＩＮＥに社名を変更し、韓国でもＬＩＮＥをグローバル市場において成長させるため「ＬＩＮＥプラス」が設立された。

2021年にはヤフーを傘下に収めるZホールディングスとLINEが経営統合を実施し、韓国でも大きな話題になった。

だが現状、ネイバーにおけるモバイル事業の収益性は高くない。また、カカオグループによる攻勢も続いており、今後の戦略が注目されている。また、ネイバーはこれまで韓国ITの雄として先進的な取り組みを数多く実施してきたが、韓国でも有数の企業となったことで、新しいことへ挑戦しない社内体質や縦割りで意思決定のスピードが遅くなる、いわゆる「大企業病」を懸念する声も増えている。こうしたなか、2022年からネイバーを率いる崔秀妍（チェ・スヨン）代表取締役社長が、2024年に9年ぶりとなる大規模な組織体制の変更を行う方針を示しており、AIにリソースを集中し、本社の主導権を強化する考えを示している。

すでにいくつか取り組みが進んでおり、サムスン電子とは次世代AI半導体ソリューションの開発で協力している。ネイバーは独自のLLM（大規模言語モデル）「HyperCLOVA」を運用しており、軽量化アルゴリズムを次世代半導体ソリューションに最適化することで、ハイパースケールAIの性能と効率を最大化する。両社は本件のほか、高性能コンピューティングを支援する次世代メモリーソリューションの研究でも協力している。

直近では、2024年3月にサウジアラビアのアラムコグループにて、デジタル事業を手がける

ネイバーの年間業績

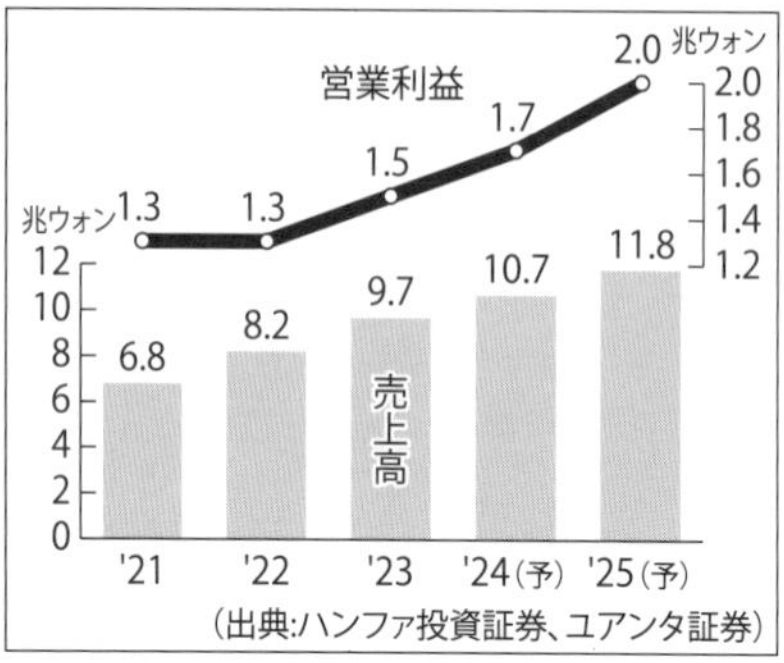

(出典:ハンファ投資証券、ユアンタ証券)

アラムコグループとMOUを締結

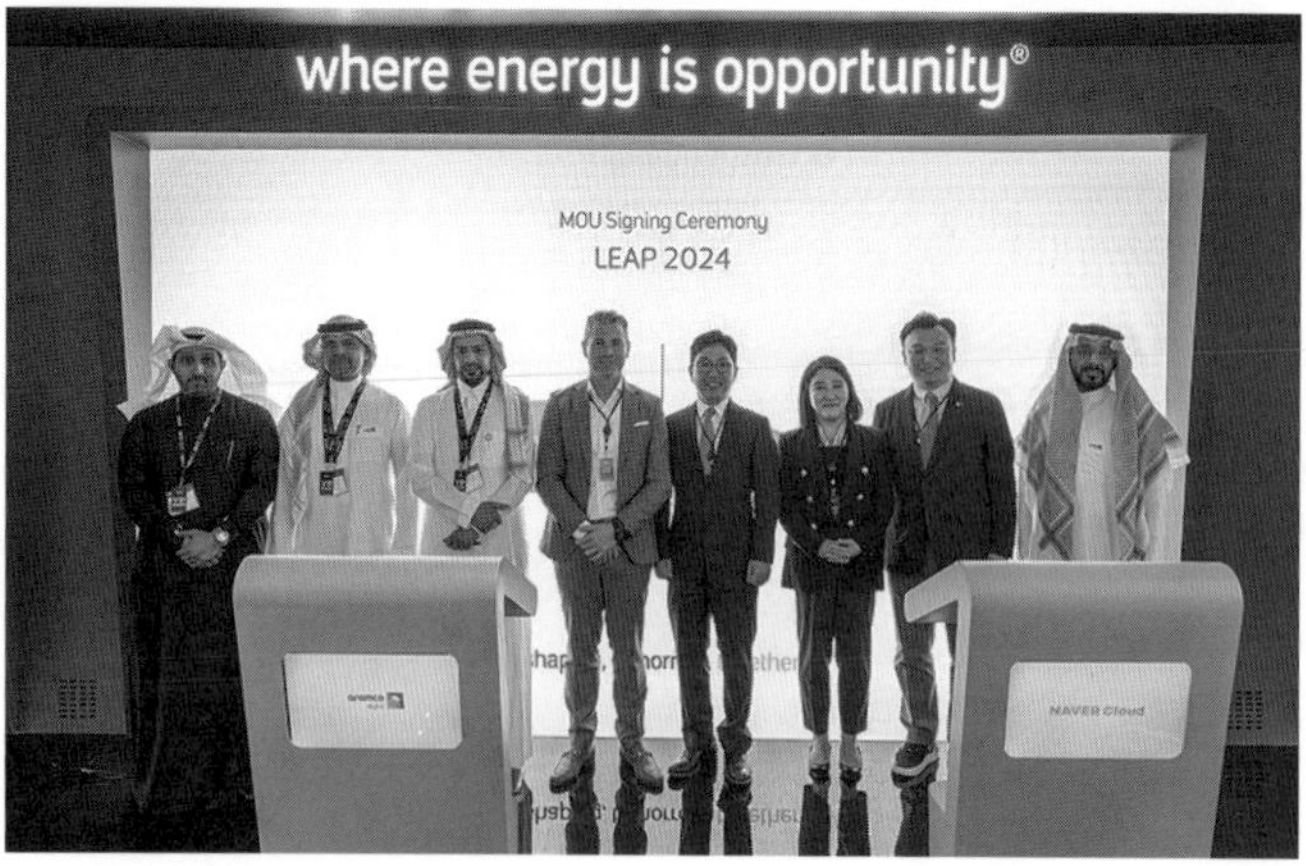

独自 LLM「HyperCLOVA」などを核に AI 事業拡大へ

アラムコデジタルとＭＯＵ（覚書）を締結した。サウジアラビアにおけるＡＩおよびクラウド事業の展開に向けて連携するもので、サウジアラビアを含む中東地域向けのソブリンクラウド（各国の政府や政府機関が指定するセキュリティー基準を満たした信頼性の高いクラウドサービス）とスーパーアプリを構築し、アラビア語のＬＬＭをベースにしたＡＩ開発などで協力する。ネイバーは、独自のＬＬＭ技術を背景に、現地文化と言語に最適化したＡＩモデルを構築し、多様なソリューションを提供する考えだ。

■ヨンプングループは非鉄金属製錬業からＭ＆Ａで先端電子産業を伸ばす

ヨンプン（永豊）グループは、非鉄金属を扱うヨンプンや高麗亜鉛を中心に、コリアサーキットやヨンプン電子などのプリント基板（ＰＣＢ）や半導体後工程事業なども展開している。また、出版事業を手がけるヨンプン文庫や建設業のヨンプン開発なども傘下に有する。2019年に韓国公正取引委員会によって相互出資制限企業に指定されたことから、大企業グループ（財閥）入りを果たした。

ヨンプングループは、北朝鮮黄海道（開城エリア）出身のチャン・ビョンヒ氏、チェ・ギホ氏が共同出資するかたちで「永豊企業社」を1949年に創業したことが始まりだ。2代目になってもヨンプンを統括していたチャン一族と、高麗亜鉛を統括していたチェ一族は良好な関係を維持し、現在は両家ともに3代目が実質的な経営に携わっている。ヨンプングループは現在、5941人の従業員を抱え、事業規模は11兆8300億ウォン、資産総額は16兆8860億ウォンを誇る（いずれも2023年末基準）。なお現在、創業者チャン・ビョンヒ氏の孫で、ヨンプングループ代表取締役副会長であるチャン・セジュン氏が、グループの後継者として有力視されている。同氏は韓国の高麗大学校出身で、2009年にシグネティックス専務としてグループ経営に加わり、2020年からコリアサーキット代表取締役社長として、ヨンプンの株式16・9%を持つ筆頭株主でもある。

ヨンプンの本業は非鉄金属製錬で、その歴史は1970年から50年以上に及び、奉化郡（慶尚北道）にある亜鉛工場「石浦製錬所」のキャパシティーは現在、世界第3位の規模を有する。そしてヨンプンは1990年代半ばからエレクトロニクス分野にも参入。製錬所の近くにある亜鉛鉱山が廃坑となり、原料の需給や地理的な条件で製錬業の成長に限界があると予想したためだ。エレクトロニクス事業の始まりは、１９９５年に実施したユウォン電子の買収。ユウォン電子は当時、韓国で唯一のＦＰＣ（Flexible Printed Circuits）専業メーカーであった。その後、経営破綻によって銀行の管理下にあった半導体メーカーのシグネティックスを２０００年に買収。２００５年にはコリアサーキットとその子会社のインターフレックスなどをグループ化し、エレクトロニクス業界で本格的な規模拡大を進めた。コリアサーキットは、半導体パッケージ基板を展開。インターフレックスは、ＦＰＤ（Flat Panel Display）向けＦＰＣ専業メーカーであり、シグネティックスは半導体の後工程事業を主に担う。こうしたグループ企業の取引先にはサムスン電子、サムスンディスプレー、アップル、インテルなどが名を連ねる。

ＰＣＢは、絶縁体の基板上や内部に導体の配線が施された部品。この上にＩＣ（集積回路）、抵抗器、コンデンサーなどの電子部品を取り付けて、電子部品同士を電気の通る道でつなげる役割を持つ。こうした特性から「エレクトロニクス産業の神経網」と称されることもある。創業からしばらくは「鉄鋼業のコメ」ともいわれる亜鉛の製錬事業を中心に据えていたヨンプンにおいて、近年はＰＣＢや半導体ビジネスの存在感が高まっている。

ヨンプンのグループ会社のうち、半導体やエレクトロニクス関連の企業は、グループ化した当初は業績が伸び悩んだが、２０１０年代以降のＩＴやモバイル市場の拡大を受けて近年は成長が継続している。コリアサーキット、インターフレックス、ヨンプン電子は、ベトナムを中心に投資も積極的に実施し、グローバル展開も加速している。ちなみに、ヨンプングループにおける半導体・エレクトロニクス関連企業の売上高は、2005年時点では8200億ウォンであったが、2022年には3兆2818億ウォンと2005年比で4倍に拡大した。

ヨンプンは今後、AIやビッグデータといった次世代市場をターゲットにした高付加価値PCBを中心に据えた事業構造へ見直し、収益性の改善に取り組む。その一環として、コリアサーキットは、高付加価値のFCBGA（チップの高速化、多機能化を可能にする高密度半導体パッケージ基板）事業を本格化するために2000億ウォンを2021年に投じた。近年、AIやクラウドなどにおけるデータ処理に必要なロジック半導体の需要が増加するなか、FCBGAの需要も急増している。コリアサーキットも、ある企業に対して2023〜2028年の6年間、月産1万6000枚規模のFCBGAを供給することが決まっている。供給先の企業名は経営上の秘密保持を理由に明かしていないが、グローバルで事業を展開する半導体メーカーと推定される。また、ヨンプングループの他企業も、通信装置企業、衛星・宇宙航空関連企業、自動走行関連企業などへ高多層PCBを供給しているようだ。ヨンプンは「第4次産業革命の時代が到来し、高付加価値PCBを中心にマーケットは拡大している。当社は、PCB事業の多様化と高度化を通じて量的成長から質的変革を達成し、高収益性のポートフォリオを強めていきたい」と意気込む。

インターフレックスは、サムスン電子のフォルダブルスマートフォン（スマホ）向けデジタイザーを供給している。デジタイザーとは、信号や人間の操作をデジタル化し、データとしてスマホに取り込むデバイス。コリアサーキット子会社であるインターフレックスは、サムスン電子の「Ｇａｌａｘｙ　Ｎｏｔｅシリーズ」（電子ペンに対応したモバイル機器）に、デジタイザーを供給しており、サムスン電子はフォルダブルスマホにもペン入力を搭載するため、インターフレックスと連携している。

インターフレックスは、２０２０年に２７７億ウォンの営業損失を計上し、３年連続の営業損失となるなど厳しい状況が続いていた。だが、２０２１年からはフォルダブルスマホに対応するコア部品を製品化するなど、新しい成長ドライバーを構築しつつある。フォルダブルスマホは今後の成長が期待されており、タブレットやノートＰＣなどもフォルダブル化に向けた検討が進んでいることから、フォルダブルデバイスに対応するインターフレックスの技術は、さらに注目される可能性がある。

インターフレックスの２０２３年における売上高は前年比１％減の４３８１億ウォン、営業利益は同17％減の２１６億ウォンだった。売上高の77％（３３８３億ウォン）が海外向けで、韓国国内

ヨンプングループ エレクトロニクス関連企業の売上高

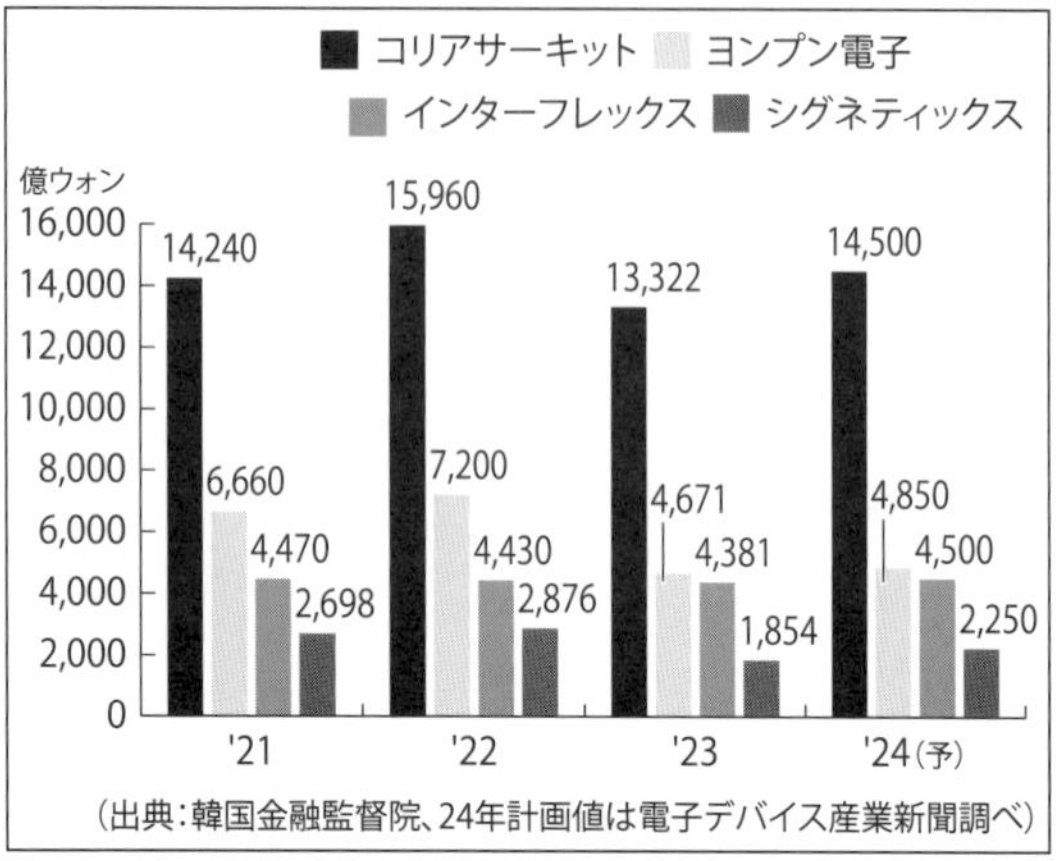

ソウル市中心街にあるヨンプン文庫のビル

コリアサーキットのFCBGA生産ライン

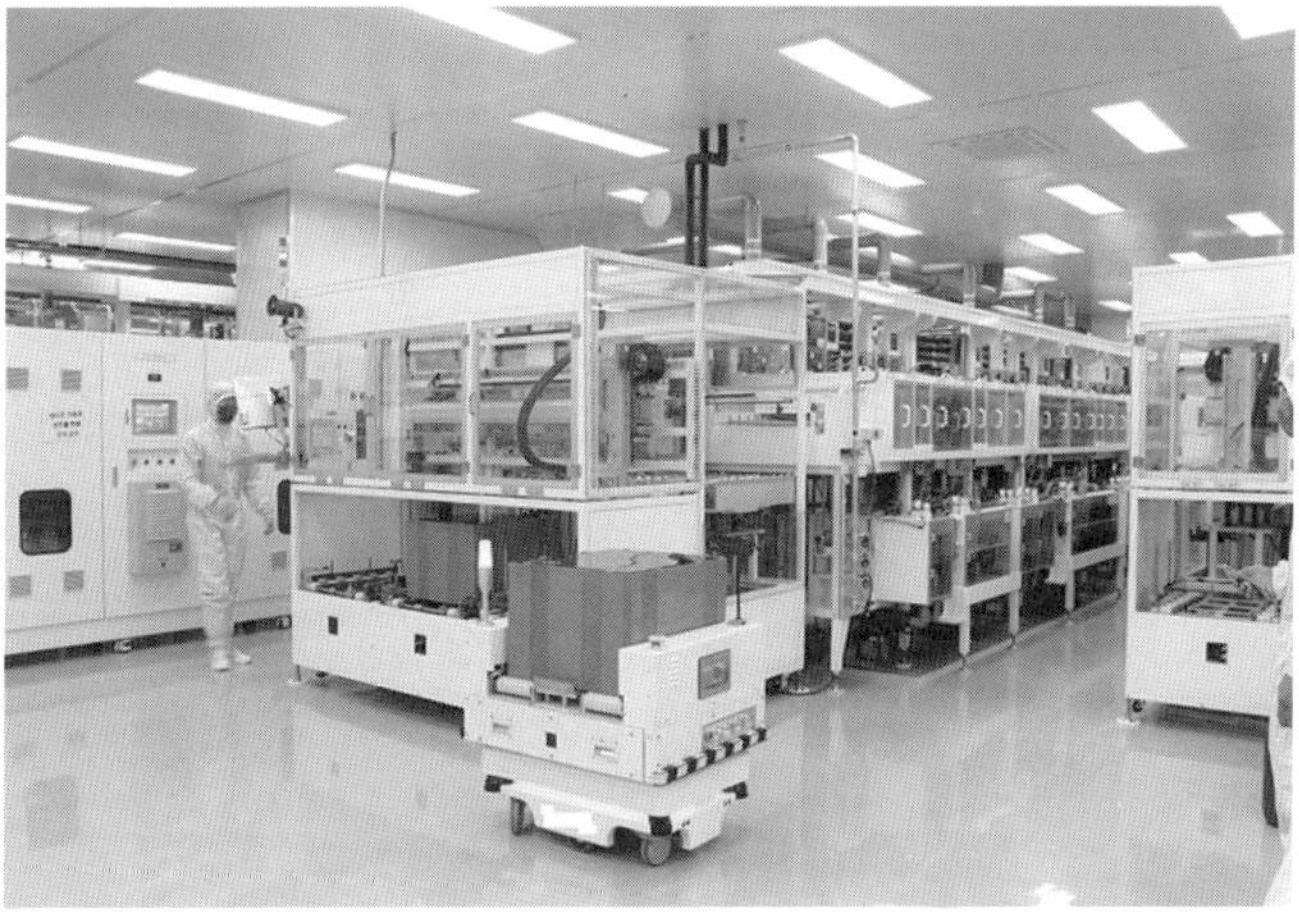

向けは９８０億ウォン。主要顧客はサムスン電子とアップルである。２０２４年はＦＰＣの販売増とリジッドフレキシブル基板の供給拡大などにより、増収増益が見込まれている。特にサムスン電子製スマホ向けの供給量が増える見通しだ。

ヨンプングループは、非鉄金属製錬業から始まり、韓国の半導体やＰＣＢ産業の成長とともに韓国財閥企業へと飛躍。これからは第４次産業革命向けの高付加価値先端部品事業に傾注し、さらなる成長を実現する。

■繊維大手のヒョスングループは水素社会を見据えて炭素繊維を増強

韓国の代表的な化学繊維業財閥のヒョスン（暁星）グループ。社名の暁星（夜明けの空に消えずに残っている星）が示すように、空のように時代が様々な変化を遂げるなかにあっても輝きを維持してきた企業の1社である。ヒョスングループは、創業者である趙洪済（チョ・ホンジェー）氏が日本植民地時代に東京帝国大学経済学部卒後、韓国へ帰国して１９４２年に郡北産業を設立して精米業を開始したことが、グループとしての始まりだ。趙氏は、サムスングループ創業者である李秉喆（イ・ビョンチョル）氏と三星物産公司（現サムスン物産）に１９４８年に共同出資し、副社長を務めた人物でもある。両氏は同じ小学校の出身で、趙洪済氏は第一製糖（現ＣＪ第一製糖）の代表取締役社長も務めるなど、サムスングループとも関わりが深い。

ヒョスンは、繊維をはじめ、産業資材、化学、重工業、建設、情報通信など幅広い分野で57社のグループ企業を保有。２０１８年にはヒョスンをホールディングス化し、事業部門をカンパニー化することで独立性を高めた。Ｂ２Ｂ企業であることから、一般的な認知度はほかの財閥企業に比べて高くはないが、グループ売上高は16兆４２４０億ウォン（２０２３年実績）、資産総額は16兆５０６０億ウォンを誇り、韓国財閥ランキングで33位に位置する。

主力の繊維事業は、サムスングループから独立するかたちで東洋ナイロンを１９６６年に設立したことが始まりで、韓日ナイロンを１９７０年に買収し、１９７３年に東洋ポリエスターや東洋染工といった企業を設立し、繊維事業の幅を拡大していった。１９８１年には韓国財閥ランキングでトップ10に入ったが、繊維産業の衰退と1997年のアジア金融危機の影響でランキングを下げることになった。

そうした危機の打開策としてヒョスンは、ヒョスン物産をはじめとしたグループ企業4社を1998年にヒョスンへ統合するとともに、各事業を精査し、低調なグループ企業を売却。一方、特殊繊維への投資と積極的な海外展開を図った。そして2019年に1兆ウォンを投じて炭素繊維工場の整備を発表し、韓国産業界を驚かせた。

ヒョスングループの名誉会長であり、グループの拡大に大きく貢献した趙錫来（チョ・ソクレ）氏が2024年3月29日、宿患で逝去した（享年89歳）。創業者の長男である趙錫来氏は1982年に会長に就任し、2017年まで約35年間、ヒョスングループを率いた。趙錫来氏は「繊維の半導体」とも呼ばれるスパンデックス（ポリウレタン弾性繊維）を独自の技術で開発し、ヒョスンをグローバルのスパンデックス業界トップメーカーに押し上げた立役者で、タイヤコードや炭素繊維などの新素材に対する果敢な投資でヒョスンの未来ビジョンを提示した人物でもある。こうした趙錫来氏の基盤には、技術に対する執念があると韓国経済界では評価されている。

趙錫来氏は、1935年に咸安郡（慶尚南道）で生まれた。郡北国民学校（小学校）に通う5年生のときにソウルへ転校し、名門の京畿高校に進学して在学中に日本に渡り、日比谷高校を卒業した。その後、早稲田大学工学部を卒業し、米イリノイ工科大学で化学工学の修士号を取得。そして同大学院の博士課程を準備していたが、父親に呼ばれて韓国に戻り、東洋ナイロンの設立に携わった。

趙錫来氏は当時、建設本部長を務め、東洋ナイロンの生産工場である蔚山（ウルサン）工場の建設を指揮した。加えて、繊維、重工業、化学などの核心事業を中心に事業ポートフォリオを見直すことで事業の高度化を図り、財務構造の改善や先進化された経営体制の導入にも積極的に取り組んだ。そしてグループの会長に就任して3年後の1984年には「模範的な売上構造を確立している」との評価を受け、フォーチュン誌が選定する世界500大企業にも選ばれた。

こうした実績から、趙錫来氏は多くの韓国経済団体のトップも務め、2007～2011年には全国経済人連合会（日本の日本経済団体連合会に相当）の会長、2008～2014年には日韓経済協会会長を務め、米韓財界会議委員長や早稲田大学韓国同窓会長なども務めた。2005年には韓国企業家としては初めて早稲田大学名誉工学博士号を受けた。

創業者の趙洪済氏から数えて3代目にあたり、現会長である趙顕俊（チョ・ヒョンジュン）氏は、1968年にソウルで生まれ、米イェール大学の政治学科を卒業。日本とも縁が深く、慶應義塾大学法学大学院政治学部修士号を取得し、1992年には三菱商事に入社した。その後、モルガンスタンレー東京支店勤務を経て、1997年からヒョスングループに入った。

そんな趙顕俊氏は、2019年に「炭素繊維産業の独立」を打ち出した。炭素繊維は燃料電池自動車（FCV）や航空機などで活用されており、「未来産業のコメ」とも称される。ヒョスンは日本やドイツの企業に続くかたちで、炭素繊維（ブランド名はタンソム）を2011年に開発し、炭素繊維の国産化に成功。中期的な目標として、グローバルトップ3の炭素繊維メーカーへ飛躍することを掲げており、韓国における部材の国産化に向けた意識が高まった2019年以降は、海外依存度が高い炭素繊維に関する韓国のトップ企業として、ヒョスンへの期待が高まっている。2019年に開催したヒョスンのビジョン・セレモニーでは、韓国のイルジン複合素材（水素貯蔵の容器）、韓国航空宇宙産業（航空機の部品）、SKケミカル（炭素繊維の中間財）、THK（ロボット装置）といった企業と共同技術開発などの内容を盛り込んだ基本合意書を締結。韓国産業通商資源省もヒョスングループによる炭素繊維の研究開発やエコシステムの構築を積極的に支援している。

現在、ヒョスングループは、グループ企業であるヒョスン先端素材の全州工場（全羅北道）にて増強を進めており、2028年まで年産2万4000tの体制を構築することを目指している。これにより、炭素繊維の世界市場でシェア10%を獲得し、業界第3位へ浮上することを目指す。なお、ヒョスン先端素材の2024年における売上高は前年比5%増の3兆3670億ウォンを計画して

ヒョスン先端素材の年間業績

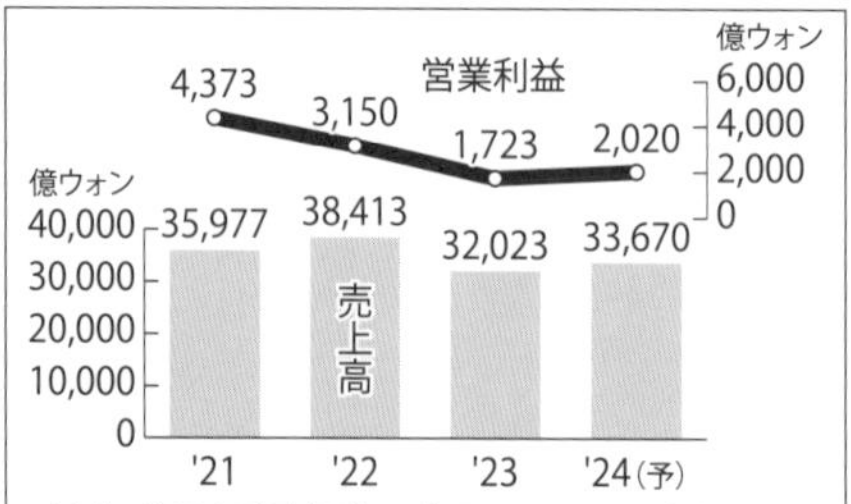

（出典：韓国金融監督院、24年見通しは電子デバイス産業新聞調べ）

ソウル市孔徳洞にあるヒョスングループの本社ビル

名誉会長の趙錫来氏

（中央が名誉会長の趙錫来氏、左端はサムスングループの李健熙氏、右端は現代自動車の鄭夢九氏）

ヒョスングループにおける炭素繊維関連の投資

事業項目	期間	投資額（億ウォン）
炭素繊維の開発事業	08～11年	1,000
第1ラインの建設	12～13年	1,400
第2ラインの建設	19～20年	500
第3～10ラインの建設	20～28年	6,800

いる。

韓国政府は近年、水素社会の構築に向けて、積極的な施策を打ち出している。そのなかには、FCVの普及・拡大も含まれている。そして、FCVの水素タンクにおける重要素材が炭素繊維であり、韓国における水素社会の実現に向けてヒョスングループが担う役割は非常に重要なものとなる。

■KCCは塗料・建材から先端材料へ、精密化学分野の革新をリード

ＫＣＣ（旧金剛高麗化学）グループは、朝鮮戦争の休戦から間もない１９５８年に創業した。現在、ＫＣＣグループの企業数は、ＫＣＣ建設やＫＣＣガラスなど14社に上り、船舶用をはじめ自動車や建築関連の塗料やＰＶＣ（断熱樹脂）サッシなどを展開し、塗料や建材の総合メーカーとしては韓国最大手である。近年は、次世代素材などを含む精密化学分野において技術革新をリードする存在でもある。太陽光発電産業が拡大していた２００８年ごろには、現代重工業と合弁でポリシリコン市場に参入したこともあるが、リーマンショックによる市場の変化などを受けて現在は撤退している。事業規模は、売上高が７兆９１０億ウォン、営業利益は７２６０億ウォン（２０２３年実績）。資産総額は14兆２０１０億ウォンを誇り、韓国財閥ランキングで37位に位置する。

ＫＣＣグループの初代会長である鄭相永（チョン・サンヨン）氏は、韓国財界の神話的存在である現代グループの名誉会長、鄭周永（チョン・ジュヨン）氏の末弟だ。同氏は、建築資材会社の金剛グループを展開するなかで、１９７４年から高麗化学を設立して塗料事業も展開し、金剛と高麗化学の両輪体制を確立した。２０００年には金剛・高麗の両社を統合し、金剛高麗化学グループが始動した。

こうしたなか、韓国財閥の多くがそうであったように、鄭相永氏にも一族内での問題が発生する。

それは当時の現代グループ代表取締役会長であった鄭夢憲氏が、北朝鮮への不法送金の容疑で韓国検察の捜査中に自ら命を絶ち、鄭夢憲氏の妻である玄貞恩（ヒョン・ジョンウン）氏が現代グループの会長に就任したことに端を発する。現代グループ持分会社である現代エレベーターの経営権を巡り、玄氏の母親で大株主でもあるキム・ムンヒ氏と、鄭夢憲氏の叔父にあたる鄭相永氏との争いが起きたのだ。

この出来事は事実上、現代グループ全体の経営権争いでもあり、当時の敵対的M&Aとしては未曾有の規模となった。結果から言えば、KCCによる買収は失敗に終わった。KCCは、株式の買い入れ過程で私募ファンドを利用したが、韓国金融監督委員会が「KCCなどの私募ファンドは、公示義務を遅れて履行してもよいという規定を悪用した」と判断し、買い入れた現代エレベーターの株式を処分する命令が下ったためだ。KCCとしては現代エレベーターを買収することで、建築、塗料、建材、エレベーターまで網羅し、建設業のバリューチェーンを構築する構想を描いていたが、実現しなかった。

なお、2021年に鄭相永氏は享年84歳で逝去し、現代ファミリーの第1世代は幕を下ろした。鄭相永氏の遺族は、遺産1500億ウォンと、長男の鄭夢鎮（現KCCグループ代表取締役会長）氏の500億ウォンを合わせて総額2000億ウォン（約222億円）を社会に還元した。

2019年に実行したグローバルシリコンメーカー、モメンティブパフォーマンスマテリアルズ（米ニューヨーク州）の買収は、KCCの事業ポートフォリオの見直しと売り上げの拡大を実現した神技と評されている。買収額は30億ドル（約5680億円）。買収は、KCC、投資会社のSJLパートナーズ、半導体装置メーカーのWONIKの3社で実行され、シリコン部門はKCC、石英部門はWONIKが運営している。モメンティブ社の株式は、KCCとSJLパートナーズがそれぞれ50％ずつ保有していたが、2021年にKCCの持分比率が60％に拡大した（買収当時に定めたガバナンス支配力は50対50を維持）。

買収を実行した翌年（2020年）のKCCの売上高は前年比87％増の5兆836億ウォンに急伸。そのうち、シリコン事業の売上割合が53％（2兆6955億ウォン）を占め、塗料事業（24％）や建材事業（16％）を大きく上回った。30億ドルを投じる買収は大きな賭けであったが、半導体市場の拡大などを受けて、シリコン事業はKCCの主力事業かつ成長事業となり、全社ベースの営業利益率が2020年の2・6％から2021年に6・6％、2022年に6・9％へ拡大するなど、利益面でも牽引する事業となった。そして現在、KCCは多様な事業構造と韓国トップレベルのマーケットシェアを有し、安定した事業運営を実現している。

KCCは、先端素材事業として、EMC（エポキシモールディングコンパウンド）も手がけている。主剤としてエポキシ樹脂、硬化剤として高性能フェノール樹脂、フィラーとしてシリコンパウダーを用いる熱硬化性化学材料で、半導体パッケージなどで使用される。同社は１９８５年に韓国で初めてＥＭＣ事業に進出。韓国の半導体産業の成長とともに、メモリー半導体封止材料の分野において世界市場で競争力を持つ企業に成長した。家電、携帯電話、産業機器、自動車向けなど幅広い分野の半導体でＥＭＣは欠かせない材料であり、近年は電子機器の高性能化などにより半導体の需要が高まるなか、ＥＭＣの需要も比例して増加。こうした状況を踏まえて、ＫＣＣもＥＭＣに対する技術開発やシェアアップに取り組んでいる。

また、無機材料分野で蓄積された経験をベースに有機材料技術を融合・発展させ、先端素材の高付加価値化にも注力している。その１つとして、セラミックスと金属の接合技術を活かした真空バルブ用セラミックスの製造技術をもとに、ＤＢＣ（Direct Bond Copper）基板（熱接合技術を用いて、高温で銅板を直接Ａｌ２Ｏ３やＡｌＮセラミックスの表面に焼結し、作られた複合基板）などを展開。材料生成からパターニングに至るまでの専用一貫製造ラインを保有する。

そのほか、半導体チップをプリント基板やリードフレームに接着する接着剤、チップを保護するための封止材、ガラス繊維（自動車部品用、エレクトロニクス用）などもラインアップ。車体の軽量化のために金属と鉄板を代替するエンジニアリングプラスチックの強化材料として繊維強化複合

ソウル市瑞草区に位置するKCC本社ビル

材料も供給している。

今後、電動車などの市場拡大に伴い、半導体やディスプレーを含む車載電装関連品の需要も大きく拡大することが予想される。こうしたなか、ＫＣＣグループが拡充している製品群は、技術革新のカギになるものが多く、韓国の大手建材メーカー、塗装メーカーという存在から、韓国のみならずグローバルの精密化学分野の革新をリードする存在へと飛躍を遂げようとしている。

KCC ガラスの工場

KCC の半導体向け製品群

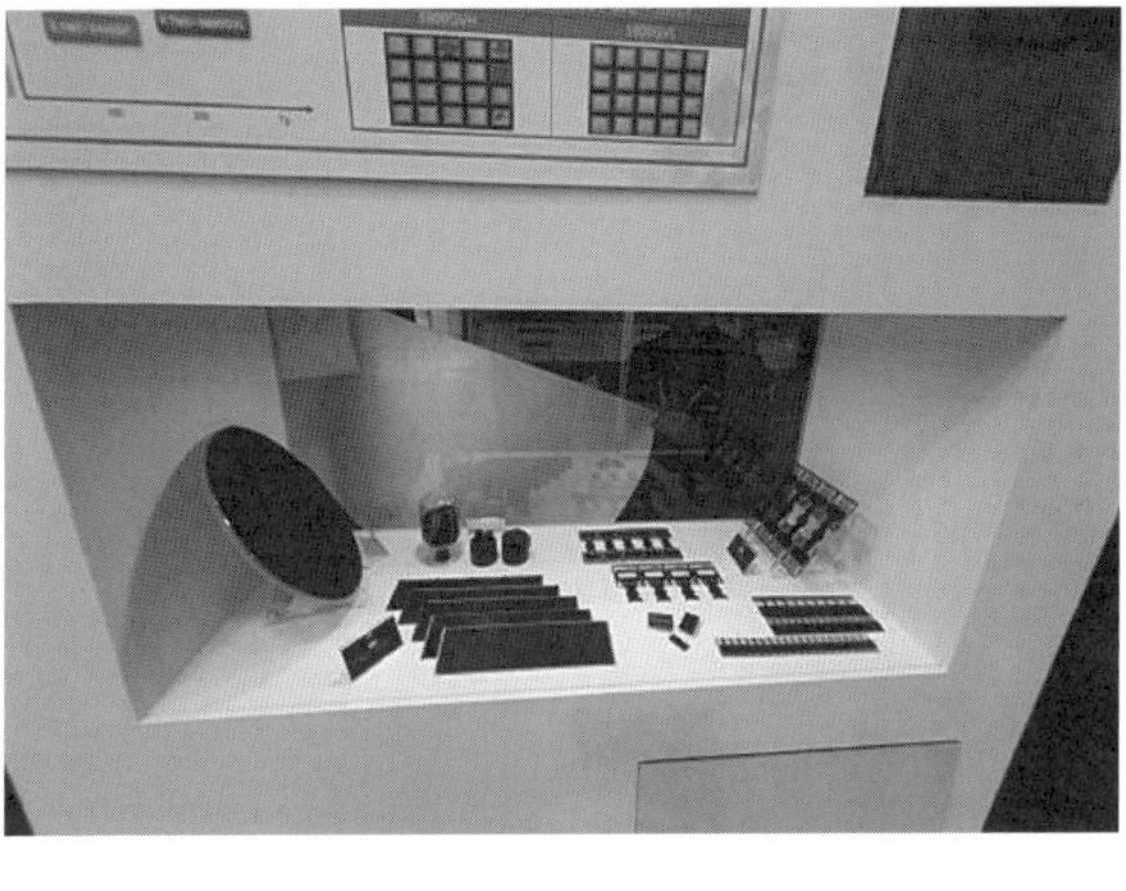

KCCの年間業績

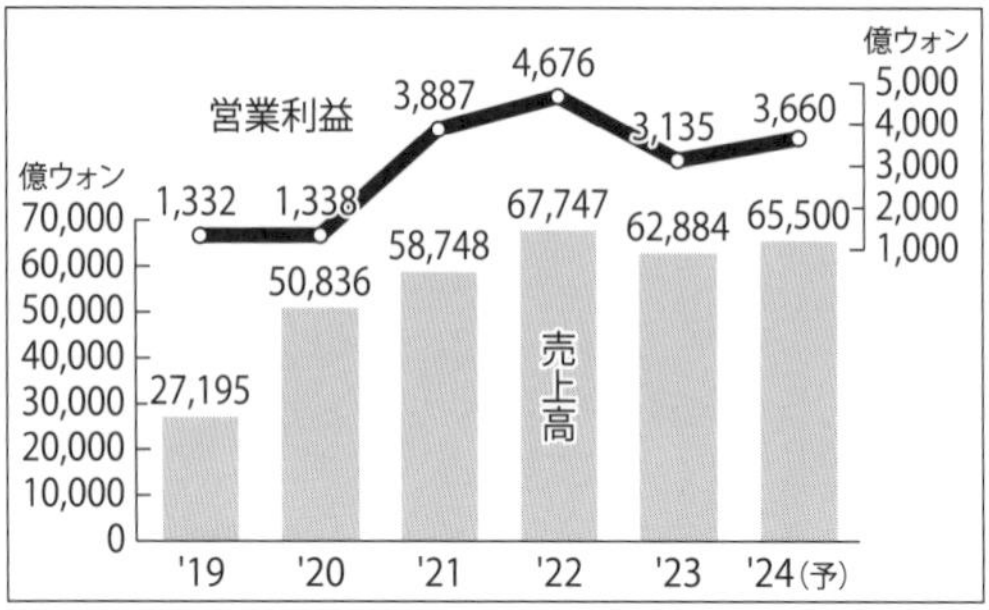

億ウォン
営業利益
1,332
1,338
3,887
4,676
3,135
3,660
億ウォン
5,000
4,000
3,000
2,000
1,000
70,000
60,000
50,000
40,000
30,000
20,000
10,000
0
27,195
50,836
58,748
67,747
62,884
65,500
売上高
'19
'20
'21
'22
'23
'24(予)

第4章

韓国財閥の罪

■政府主導と財閥中心の体制が「漢江の奇跡」とともに形成されていく

「大韓民国は民主共和国だ」（憲法第1条1項）。

これは、韓国の存在の本質やアイデンティティーを表す言葉である。ここにある民主とは「国民が国家の主人」という意味であるはずだが、2000年代に韓国では民主の代わりに財閥が入り、「大韓民国は財閥共和国だ」という皮肉が流行したことがある。この時期は財閥オーナー一族の不正腐敗や不法行為が横行。しかし、そうした理不尽なことを捜査・牽制するべき司法やマスコミは、むしろ財閥に有利な状況を作り、結果、社会的な価値や正義、そして市場経済体制が崩れ、2000年代はまさに「財閥共和国」の時代であった。

韓国の財閥やオーナー一族が、民主的な統制を受けない存在となってしまった要因は、財閥企業に経済が集中したことにある。特定の人物や特定のグループが韓国経済の多くをコントロールしたことから、その経済力を用いて政治、行政、司法、言論、学界などの有力者にも力を及ぼし、財閥にとって有利な内容を国家の政策に反映させていった。

韓国財閥の形成過程をみると、1960年代以降、「漢江（ハンガン）の奇跡」ともいわれる驚異的な経済発展を遂げた朴正熙（パク・チョンヒ）大統領の体制下で政府主導と財閥中心の体制が形づくられていった。

この時期、朴正煕大統領は、輸出実績が高い企業に特別恩恵を与える体系を作った。１９６０年代の韓国は内需が小さく、経済の発展には輸出の拡大が必須。そのため政府主導と財閥中心の体制も必然的に輸出主導型の工業化戦略をもとに構築された。当然ながら輸出の拡大には世界の企業とグローバルで戦っていかなければならず、韓国企業は組織や経営の効率化、技術力を強化するための研究開発の拡充などに取り組むこととなり、輸出実績が高い企業に特別恩恵を与えるという施策は、韓国企業の成長に大きなプラス要素をもたらすことにつながっていく。

１９４５年の終戦後、朝鮮半島に展開していた日系企業に帰属する財産の譲渡と、米国を中心とする海外からの援助も韓国財閥のシードマネーとなった。例えば、１９８７年における韓国財閥トップ10のうち、大宇グループを除く9社が１９５０年代半ば時点で一定規模の事業体制を構築していた。

サムスングループについては、１９５０年代後半には商業銀行の買収を通して、商業銀行と総合貿易会社をはじめとする企業グループの形成を試みていた。だが、１９６１年に軍事クーデター（5・16軍事革命）で執権した朴正煕氏による商業銀行の国有化政策によってサムスンの試みは失敗に終わり、１９７０年代までは依然として農業が産業の中心でＧＤＰの30％程度を占めていた。

そして製造業は軽工業が中心であったが、朴政権の経済政策にバックアップされた財閥主導の重化学工業が拡大。それに伴い、GDPに占める財閥の売上比率も拡大し、1974年には15・1%、そして1987年には68・8%にまで膨れ上がった。韓国において財閥への経済力の集中が急速に進んだのは、1970年代の朴政権による輸出実績への特別恩恵輸出と重化学工業の育成政策が成果を出し始めた1980年代といえる。

韓国における財閥とは、特定人物もしくはその一族によって実質的に支配されているオーナー企業型の大手グループと言い換えることができるが、こうした韓国財閥が本格的に形成され始めたのはこの時期。それ以前にもオーナー企業グループはあったが、経済力の集中を憂慮するような水準となったのは、このころからである。

なお、1960年代の財閥ランキングトップ10で、1979年になってもトップ10にランキングされていたのはサムスンとラッキー(現LGグループ)2社のみ。残りの8社の大半は、朴政権の重工業育成政策に積極的に対応した企業である。ちなみに、GDPに占める農業の割合は急速に減少し、1990年代には9%未満になった。

財閥を中心とした経済成長を遂げた韓国であったが、アジア通貨危機に端を発した経済危機によって外貨が不足し、1997年に国際通貨基金(IMF)の救済を受ける事態に陥った(1997年12月に総額580億ドル規模の救済金融合意文に署名)。

これは前述の政府主導と財閥中心の政策によって生まれた経済の集中と過度な借り入れによる過剰投資が根本的な原因であり、韓国財閥の最も大きな〝罪〟と言わざるを得ない。実際、1990年代の韓国経済は設備を過剰に保有し、収益性が悪化する事態が頻発した。IMFによる救済を受けた翌年（1998年）の韓国の実質GPD成長率はマイナス6・7％を記録。設備投資も大幅に減少し、1999年2月には失業者が180万人（総人口は4545万人）を超えるなど、韓国経済は朝鮮戦争（1950〜1953年）以降、最悪の低迷期となった。そして財閥ランキングをみても、1997年のトップ30社のうち12社が1999年末までに倒産もしくは銀行の管理下に置かれる事態となった。

こうしたなか、当時の金大中（キム・デジュン）政権は「ビッグディール政策」を進めた。通貨危機の主因が財閥企業であるとみなし、過剰債務の解消、過剰な多角化の解消による選択と集中（ビッグディール）、コーポレート・ガバナンスの強化を求めた取り組みだ。

そして政府と金融界の強いプレッシャーのもと1998年12月、金大統領が主宰する財界・政府・金融機関の合同記者懇談会において、韓国財閥5社が構造改革を推進することなどで合意した。しかし、この合意文は守られなかった。該当グループ間の駆け引きや大規模なリストラなどが難航した結果、ビッグディールは現代電子産業によるLGセミコンの買収や、サムスン・現代・大宇重工

韓国財閥企業の売上高ランキング

順位＼年	1960年	1972年	1979年	1987年	1994年	2008年	2013年	2023年
1	三星	三星	現代	現代	三星	サムスン	サムスン	サムスン
2	三湖	ラッキー	ラッキー	サムスン	現代	現代自	現代自	SK
3	開豊	韓進	サムスン	ラッキー	LG	SK	SK	現代自
4	大韓	新進	大宇	大宇	大宇	LG	LG	LG
5	ラッキー	双龍	曉星	鮮京	鮮京	ロッテ	ロッテ	ポスコ
6	東洋	現代	国際	双龍	双龍	GS	現代重	ロッテ
7	極東	大韓	韓進	韓火	韓進	現代重	GS	ハンファ
8	韓国瑠璃	韓火	双龍	韓進	キア	金湖	韓進	GS
9	東林産業	極東海運	韓火	曉星	ロッテ	韓進	ハンファ	HD現代
10	太昌紡織	大農	鮮京	ロッテ	ハンファ	ハンファ	斗山	農協

※三星＝サムスン、鮮京＝SK、ラッキー＝LG、韓火＝ハンファ、HD現代＝旧現代重、金湖＝金湖アシアナ

（韓国公正取引委員会の資料などをもとに電子デバイス産業新聞作成）

軍事クーデター後の朴正煕氏（中央）

IMFによる救済合意文に署名

業など3社を統合し韓国宇宙航空を設立するといった内容にとどまり、財閥への経済の集中は解消されなかった。LGグループは、GSグループやLSグループの分離などを実行したが、LGセミコンを現代グループへ譲渡した資金で持株会社体制に転換し、LGグループ一族の支配力が一層強まる結果となった。

一方、LGセミコンを抱えた現代電子産業は、買収資金の確保で資金難に陥り、半導体不況が重なったことから、10兆ウォンの借金とともに破綻した。2012年にSKグループが3兆4000億ウォンで買収し、現在はSKハイニックスとして運営されている。

現代電子産業は現在SKハイニックスに

■財閥経済が生んだひずみ、名ばかり民主国家で財閥一族は過度な私益

1900年代初頭に米国では装置産業を中心に巨大企業が出現した。一方で、特定企業へ経済力が集中したことによる経済的および政治的な弊害も生まれた。しかし、米国は関連する法律の整備や司法判断によって、それを打開していった。その代表例は、米連邦最高裁による石油会社スタンダードオイル（Standard Oil Company）の分割であろう。同社は、石油王として名高いジョン・ロックフェラー氏らが1870年に設立した企業で、1878年には米国における石油精製能力の90%を同社が占めた。そのなかで各州の州法によって会社の規模を制限する動きが出始めた。そこでスタンダードオイルは、スタンダード・オイル・トラストが傘下の企業を支配する体制に再編成した。だが、米国政府は独占禁止法であるシャーマン法を1890年に

制定し、1892年にはオハイオ州最高裁が支配体制を破棄する命令を下した。その後、ロックフェラー氏も新たな支配構造の構築を進めたが、1911年に連邦最高裁から解体命令が出され、スタンダード・オイル・トラストは互いに資本関係のない34の会社に分割された。

企業グループへの経済力の集中が民主主義と市場経済に深刻な脅威になるという憂慮は「私的権力が民主国家より強力になるまで巨大化することを容認するのは、民主主義の自由が安全ではないことを意味する。そうした経済力の集中は、国民全体に所得と収入を公平に分配する民間企業の経済的な効果を深刻なまでに妨げる」というルーズベルト米大統領による1938年の米議会での演説にも表れている。

しかし、こうした経済力集中による弊害が、21世紀の韓国社会で起こっている。韓国財閥への経済力の集中は、法の支配を崩し、言論の独立性さえ揺るがしている。財閥一族の私益のために政策が整備され、市場経済と民主主義の実体は消え、名ばかりの民主主義国家に変容してしまった。

そして財閥への経済力の集中は、経済的な権力を生み出すこととなり、その権力を有する財閥が韓国の民主主義と市場経済における根本的な脅威となっている。そんな財閥の一族は、財閥のオーナー一族が系列会社の役職を過度に兼職するうえ、給与と退職金などを過度に得るなどして私益を図っている。さらに、その権力は次世代に世襲されており、企業ガバナンスは形骸化していると言わざるを得ない。

例えば、韓進グループの大韓航空は、新型コロナの影響による旅客数の減少などを受け、2020年に社員の給与を平均15％引き下げた。しかし、韓進グループ会長である趙源泰（チョ・ウォンテ）氏の2020年における報酬は前年比40％増の30億9800万ウォンであった。また、ロッテグループ会長である辛東彬（シン・ドンビン、日本名・重光昭夫）氏は、2024年1～6月の半年で約117億ウォン（約13億円）強の収入を得た。サムスングループ会長である李在鎔（イ・ジェヨン）氏は、贈賄罪で実刑を受けた責任をとるかたちで年俸はゼロになっているが、系列会社の配当金などにより1991億ウォン（2023年1～6月期）を受領している。

さらに、過度な退職金も問題視されており、GS名誉会長である許昌秀氏は退職金97億ウォンを含めて159億ウォンを得た。2019年に逝去した韓進グループ会長の趙亮鎬氏は、大韓航空と韓進KALなど5つの系列会社から退職金647億ウォンを受領した（いずれも2023年末基準）。韓国財閥のオーナー一族の退職金が巨額になるのは、積み立ての比率が高いためだ。一般社員の場合、毎年1カ月分の給料が退職金に積み立てられるが、オーナー一族は3～6カ月分の給与が積み立てられる。

韓国では2013年8月に公正取引法が改正され、該当の特殊関係人（財閥オーナー一族）に対する是正命令や課徴金の賦課ができるようになった。しかし、それも実効性のあるものにはならなかった。また、韓国の財閥オーナー一族は、少ない持分でも系列会社同士の複雑な出資関係を利用し、世襲経営を継続している。このような理不尽な経営が可能なのは、オーナー一族の独裁を牽制できるガバナンスが企業内部と外部の両面から機能していないためで、韓国公正取引委員会が２０２０年に発刊した「公正取引白書」によると、２０２０年5月基準で公示対象の財閥55社のうち、オーナー一族の持分比率は平均３・６％であったが、系列会社や非営利法人の持ち分などを含めると行使可能な持分比率は57％にも達する。

前述の退職金が示すような韓国における不平等さの根本的な原因は、財閥企業を中心とした輸出型の経済構造にある。１９６０年代から１９９０年代初頭までは高度成長に合わせて所得の不平等さも改善されていった。しかし、１９９０年代半ばからは財閥を中心とした経済発展ならびに財閥への経済力の集中が色濃くなり、結果、下請け事業者への過度な値下げ要請や協力メーカーの技術を搾取する動きなどがみられるようになった。

そして、韓国が１９９７年にＩＭＦ（国際通貨基金）から救済を受ける事態となったことで、「ビッグディール政策」（過剰債務の解消、過剰な多角化の解消による選択と集中、コーポレート・ガバナンスの強化を財閥に求めた取り組み）が進められ、産業の独占化が進んだ。例えば、自動車産業では、現代自動車が起亜自動車を買収し、サムスン自動車、大宇自動車、双龍自動車の3社は海外企業に吸収された。つまり韓国自動車市場は事実上、現代・起亜グループの独占市場となった。その結果、韓国の自動車部品メーカーは現代・起亜グループとの契約が取れないと生き残ることができない状態となった。そのなかで強制に近い値下げ要請が継続的に行われるようになった。しかし、契約の打ち切りなどを恐れ、下請け企業はほとんど声を上げなかった。そうするうちに下請け企業の利益は削られ、開発などに充てられる資金も減ったことで製品の革新が進まず、大手企業と中小企業の賃金格差も拡大していった。

こうした状況から現在、韓国の若年層は公務員や公共企業への就職を希望するケースが多い。その結果として現在、公務員試験の倍率は非常に高くなっており、〝神様が下ろした職場〟とも称される公共企業への就職も至難となっている。

下請け企業については、コストカットに向けたリストラ、特に賃金が高い40~50代の従業員を早期退職させるケースが増えている。そして早期退職した人々は退職金で飲食店経営など自らビジネスを始めるが、それらの大半は5年以内に倒産。結果、高齢者の貧困率が上昇するといった事態に陥り、社会の活力が失われるといった悪循環が生まれつつある。そんな現在の韓国社会は、財閥を中心とした経済体制が生んだひずみといえるだろう。

韓国では財閥経済によるひずみが生まれている

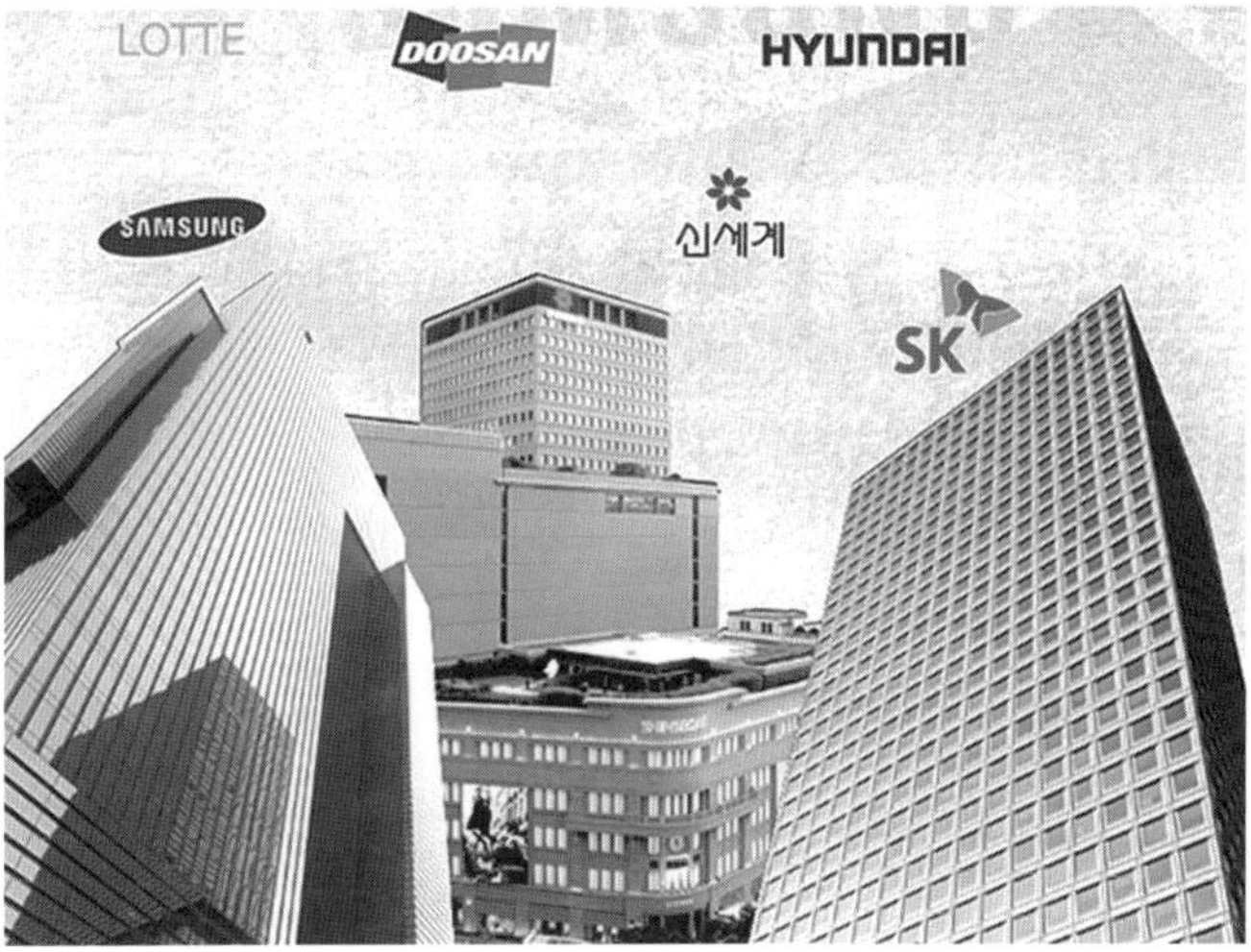

（写真はイメージ）

韓進グループの趙源泰会長

■国民主権か財閥主権か、司法でも特別な恩恵、巧みな情報操作で世論構築

前述したとおり、2000年代に「大韓民国は財閥共和国だ」という皮肉が流行したことがあるが、これはつまり、法律上では韓国は国民主権であるが、現実は財閥一族主権であることを意味する。特定の財閥のための法律やルールが作られ、財閥一族は司法の面からも特別な恩恵を享受している。加えて、韓国の言論は、経済権力と化した財閥とその一族を監視する機能を失いつつある。

韓国の司法省は、財閥一族に極めて寛大な判決を下してきた。特にサムスングループへの判決はその傾向が顕著である。サムスングループ創業者の李秉喆（イ・ビョンチョル）氏は、1966年に起こった「サッカリン密輸事件」に関して起訴すらされなかった。また、2代目の李健熙氏の場合、1995年の「盧泰愚大統領秘密資金事件」と2009年の「サムスン秘密資金および不法世襲に対する特別検事」において拘束もされず、結果、執行猶予付きの判決が下った。3代目の李在鎔（イ・ジェヨン）会長に至っては「サムスン系列会社同士の不当な買収・合併と朴槿恵大統領の弾劾事件の連累」など、代々不正や不法行為を繰り返している。李在鎔会長は有罪を言い渡されて354日間服役したが、「国家経済の活性化のため」との理由で恩赦が与えられ、釈放されている。

こうした特別な恩恵は他の財閥一族でもみられ、懲役3年・執行猶予5年の判決、いわゆる「3－5ルール」が基準となっている。2007年に斗山グループの会長と副会長の朴氏一族には、横

領罪で懲役３年・執行猶予５年の判決が下り、２００８年には現代自動車グループの鄭夢九名誉会長に横領と背任罪で懲役３年・執行猶予５年の判決が下った。ＳＫグループの崔泰源会長が粉飾会計に問われた際も、懲役３年・執行猶予５年（崔会長は２０１３年に逮捕され、２０１５年８月に恩赦されるまで約２年７カ月間服役）が言い渡された。さらに、財閥オーナーは執行猶予付きの判決が確定したあと、直ちに恩赦されている。李健熙氏、鄭夢九氏、崔泰源氏は確定後２～３カ月で特別赦免された。

執行猶予付き判決と恩赦が乱発されたことを受け、韓国社会に「有銭無罪、無銭有罪」という非難の声が高まり、横領や背任による利得額が３００億ウォン以上であれば基本的な懲役年数を５年から８年にし、減刑されても７年、加重処罰は11年まで宣告できるように改正された。しかし、２０１２年に行われたハンファグループの金会長事件の第１審では、２８８３億ウォン規模の損害を与えたとして懲役４年の判決が下ったが、金会長が１５９７億ウォンの供託金を支払ったことに加え、国家経済発展に貢献した功労、健康状態の悪化などを理由に執行猶予となり、量刑基準の厳格化は早くも形骸化した。

不平等な恩赦が乱発されてきた背景の１つに、財閥による情報操作がある。２０１８年に公開された張忠基（チャン・チュンギ）氏（サムスングループ未来戦略室社長）の携帯端末には、国会議員をはじめ高級官僚、法曹人、メディア関係者など韓国社会における錚々たる人物の名前があり、サムスンがグループレベルで世論操作を行える体制を構築していたことを示唆する。

２０１８年に起きた朴槿恵大統領の「国政壟断事件による大統領弾劾事件」に連累し、サムスングループ会長の李在鎔氏が逮捕された際には、韓国の財界ブレーンを筆頭に、政治家、宗教家、企業家など幅広い人物が恩赦を訴えて世論を構築。結果、収賄した朴前大統領に懲役15年の判決が下り、横領・贈賄した李氏への刑（2年6カ月の懲役）とは大きな差があった。

そして、２０２１年4月の世論調査では李氏への赦免に対して賛成が70％、反対が26％という結果となった。こうした世論操作は「重大犯罪に対して恩赦はしない」と宣言していた文在寅（ムン・ジェイン）大統領の方針すら変えた。文大統領は２０２１年5月に行った就任4周年の特別演説にて、李氏と関連して「半導体市場の競争はグローバルに激化しており、我々も半導体事業の競争力アップは急務だ」とし、「(李氏赦免について) 多くの意見を十分に聴取して判断したい」と曖昧な立場を取ったのだ。結果からいえば、李氏の赦免は市民団体による反対と公約に反するという理由で実行されなかった。しかし、代わりに法務大臣が仮釈放の条件を緩和し、収監されて1年経たず、２０２１年8月15日の独立記念日に李氏は仮釈放された。

李氏赦免の必要性かつ正当性を主張していた人物らは「新型コロナのワクチン確保や半導体投資

に対するオーナーの決断が不可欠だ」としていた。だが、李氏が仮釈放される前の２０２１年５月、サムスン電子は２０２１〜２０３０年の10年間に総額５１０兆ウォン規模の投資計画を打ち出していた。また、同じく２０２１年５月に米テイラー市において、１７０億ドルを投じてファンドリー新工場を整備すると発表した。

加えて、サムスンバイオロジックス社は、米モデルナ社のｍＲＮＡの原液を輸入し、仁川松島工場での委託生産契約を結んだ。つまり、李氏が収監された状態でも、サムスングループは大規模な半導体投資を決め、ワクチン確保に向けた判断も下していた。当時の韓国社会では「むしろ李氏がいないサムスンのほうが元気だ」という声が出るほどであった。

確かに、サムスングループは韓国の若者が最も憧れる企業であり、子どもがサムスンで働いている親は周囲への自慢の種となっている。サムスングループの社員との結婚を希望する人も多くいる。しかし、前述のようにサムスンのオーナー一族は世襲を続け、不法行為を働いたにもかかわらずその地位を維持しており、その権力はむしろ巨大化している。日本の大手エレクトロニクス企業で戦略企画を担う筆者の友人は「不思議です。どうして韓国社会はサムスンを虐めるのですか。サムスンの存在こそ韓国経済が世界トップ15圏内にいる原動力なのに」と首を傾げる。そのとおりだ。だが、そのサムスンが持つ存在感が〝韓国財閥の功罪〟を生んでいるのかもしれない。

韓国財閥オーナー・CEOの主な恩赦

恩赦時期	人物名	罪名	最終量刑
2002年12月	趙亮鎬・大韓航空会長	横領、背任	懲役3年・執行猶予5年、罰金150億ウォン
	金善洪・キアグループ会長	横領、系列会社不法支援	懲役4年
	鄭泰守・韓宝グループ会長	不法貸し出し	懲役12年
2005年5月	李鶴洙・サムスングループ構造調整本部長	不法政治資金造成、供与（賄賂）	懲役2年6カ月・執行猶予4年
	金東進・現代自グループ副会長	不法政治資金造成、供与（賄賂）	懲役2年・執行猶予4年
	姜庾植・LGグループ副会長	不法政治資金造成、供与（賄賂）	懲役1年6カ月・執行猶予3年
2007年2月	朴容晟・斗山グループ会長	横領	懲役3年・執行猶予5年
	朴容晩・斗山グループ副会長	横領	懲役3年・執行猶予4年
	金錫元・双龍グループ会長	横領	懲役3年・執行猶予4年
2008年1月	金宇中・大宇グループ会長	粉飾会計、財産国外逃避	懲役8年6カ月、追徴金17.9兆ウォン
	鄭夢元・漢拿グループ会長	背任	懲役3年・執行猶予5年
	姜ビョンホ・大宇自動車社長	粉飾会計	懲役5年
2008年8月	鄭夢九・現代自グループ会長	横領、背任	懲役3年・執行猶予5年、社会奉仕300時間
	崔泰源・SKグループ会長	粉飾会計	懲役3年・執行猶予5年
	金升淵・ハンラグループ会長	報復暴行	懲役1年6カ月・執行猶予3年、社会奉仕200時間
	崔元碩・東亞グループ会長	粉飾会計	懲役3年・執行猶予5年
	崔順英・新東亞グループ会長	財産国外逃避	懲役5年、追徴金1574億ウォン
2009年12月	李健煕・サムスングループ会長	租税逋脱（脱税）、背任	懲役3年・執行猶予5年、罰金1100億ウォン
2010年8月	金俊起・東部グループ会長	背任	懲役3年・執行猶予4年、社会奉仕200時間
	朴健培・ヘテグループ会長	横領	懲役1年6カ月
	劉サンブ・ポスコグループ会長	背任	懲役1年6カ月・執行猶予2年
2015年8月	崔泰源・SKグループ会長	横領	懲役4年
	金賢中・ハンラグループ副会長	秘密資金造成、背任	懲役1年6カ月・執行猶予3年
2016年8月	李在賢・CJグループ会長	横領、背任	懲役2年6カ月

出典：財閥共和国（朴サンイン著）

第5章

韓国財閥の未来像

■輸出の大半は財閥系企業が担う、24年は対米輸出が対中輸出超えか

財閥を中心とした輸出主導型の韓国経済は、海外輸出の好不調により景況感が左右される。こうしたなか韓国関税庁によると、2024年1~5月の対米輸出額は533億ドルとなり、対中輸出額（526・9億ドル）を上回った。この趨勢が2024年末まで継続した場合、2002年以来、22年ぶりに対米輸出が対中輸出を上回ることになる。

韓国産業通商資源省によると、2024年5月の輸出額は前年同月比11・7％増の581・5億ドル、輸入額は同2％減の531・9億ドルとなり、貿易収支は49・6億ドルの黒字を達成。この数字は2020年12月以降では最大の黒字額であった。品目別では、15種の主力輸出品目のうち11種で輸出が増加。特に半導体は同54・5％増の113・8億ドルと、7カ月連続で前年同月値を上回った。また、自動車の輸出額は64・9億ドルとなり、5月としては過去最高を記録した。そのほか、ディスプレー（15・8％）や無線通信（9・4％）、コンピューター（48・4％）などの輸出も好調に推移し、IT関連の全品目が輸出増を記録した。さらに、地域別では米国（15・6％）、中国（7・6％）など7地域で輸出額が増加した。そのうち、対中輸出規模は114億ドルとなり、2022年10月以降19カ月ぶりに最大値を記録し、米国を追い抜いて再びトップに浮上した。対米輸出も前年同月比15・6％増の109・3億ドルとなり、5月としては過去最高を記録した。

このように韓国経済で輸出が活気づき、韓国の年間経済成長率に対してもポジティブな見通しが出ている。韓国産業研究院が先ごろ発表した「2024年下半期の経済・産業展望」によれば、2024年通年の輸出規模は前年比8・3%増の6848億ドル、輸入は中間財の輸入増加などに伴い1・4%増の6513億ドルになる見通しで、3年ぶりの貿易黒字が確実視されている。半導体の輸出は前年比35・9%増の約1300億ドルが予測されており、メモリー半導体の単価上昇やAI半導体の需要増などによる市況改善が見込まれる。

韓国経済を左右する輸出は、サムスンやSKなどの大手財閥が大半を担っているといっても過言ではない。サムスン電子における売上高（2023年実績258兆ウォン）の88%、SKハイニックスの売上高（32・76兆ウォン）の94%が海外市場でのものである。韓国財閥は韓国社会に様々なひずみを生む存在であるが、韓国経済へ多大な貢献をもたらす存在でもあり、そうした存在を非難すべきか、賞賛すべきか、非常に複雑な気分に悩む韓国人は少なくない。

輸出主導型の韓国経済における輸出規模は、日本を抜いて世界第5位に浮上する可能性が高まっており、2024年の韓国輸出額は過去最大の7000億ドルを目指している。日本は歴史的な円安の状況下のため単純比較はできないが、2024年の輸出額を月ベースでみると、韓国が日本の輸出額を上回ったのは1月と5月。1~2月の累積額でも韓国が上回ったが、3月における日本の輸出額は632億ドルという記録的な規模となった。4月も日本の輸出額が上回ったが、5月は韓国の輸出額が日本を上回った。韓国の経済界では2024年4～6月期に初めて四半期基準で日本の輸出額を上回ると予想している。

韓国産業通商資源省によると、2024年5月における韓国の輸出額は580億ドル、日本の輸出額は532億ドルだった。5月における韓国の輸出額は前年同月に比べて11・5％増え、2024年1～5月累計の輸出額は前年同期比9・9％増の2777億ドルであった。韓国の輸出額は2023年10月から8カ月連続して前年同月を上回っており、この傾向が2024年末まで続いた場合、半導体の輸出額は年間1300億ドル、自動車は同700億ドルを突破する見通し。なお、半導体輸出額の過去最高は2022年の1292億ドルであった。韓国は半導体に加えて、自動車の堅調な輸出が好調の要因となっている。日本の輸出でも、自動車を筆頭に主要調査会社の予想を上回る実績を積み上げており、2024年5月は自動車輸出が単一品目として全体輸出の15・9％を占め、過去最高となった。韓国と中国が主な市場である半導体装置も全体の4・1％を占め、前年同月に比べて45・9％増えた。

スイスの国際経営開発研究所（IMD）発表の「国家競争力の評価」において、評価対象67カ国中、韓国の国家競争力は8ランク上昇して過去最高の20位となり、1997年に韓国が評価対象国

韓国の輸出額

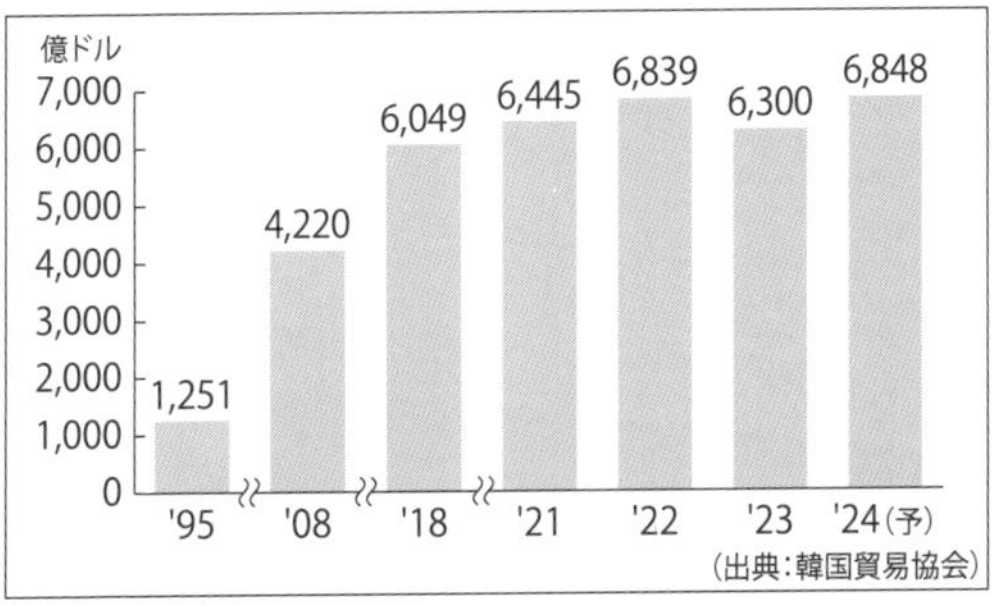

半導体産業の育成を打ち出す尹大統領

（写真提供：韓国大統領府）

となって以降、最高順位となった。分野別では、企業効率性の順位は33位から23位へ10ランクアップ。インフラ分野は16位から11位へアップした。一方、租税政策は26位から34位に後退した。なお、今回の評価ではシンガポール、スイ

半導体の輸出が好調

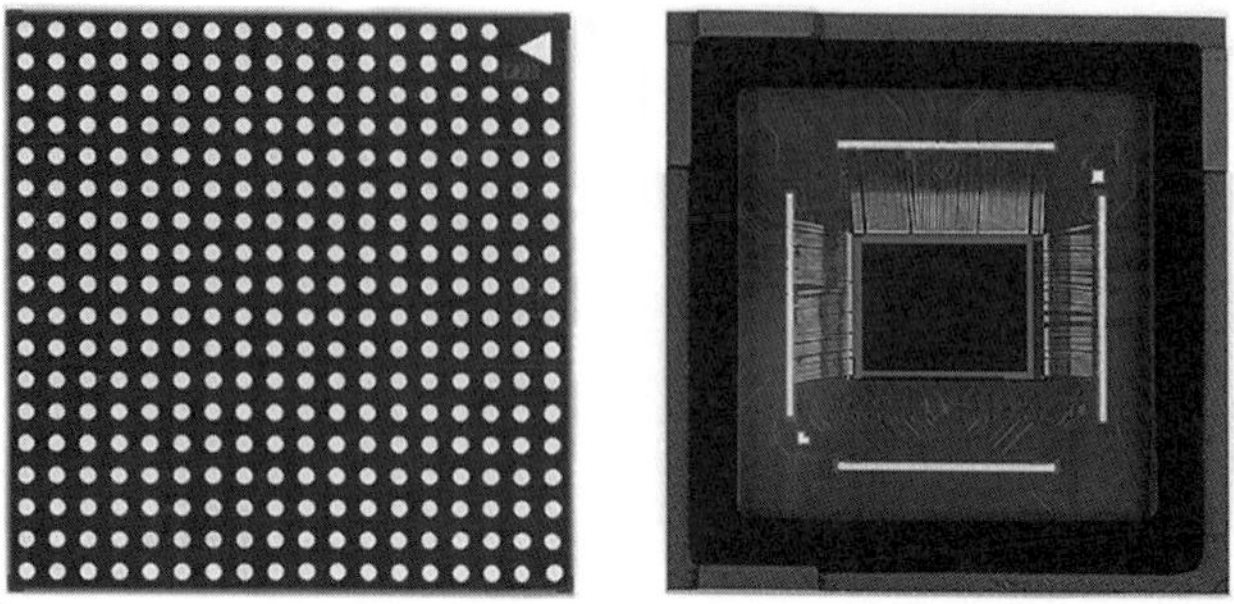

(写真はサムスンのアプリケーションプロセッサー)

ス、デンマーク、アイルランド、香港がトップ5を占めた。

ＩＭＤは、１９７９年からＯＥＣＤ（経済協力開発機構）の加盟国を中心とした主要国を対象に、企業の効率性、インフラ、経済成果、政府の効率性など4項目を評価してランキングを毎年発表しており、国による事業環境の整備・支援などの指標にもなる。

政府の効率性ランキングをみると、韓国は39位であり、総合ランキング（20位）と乖離がある。２０２０年代は効率性の順位と総合順位が近接していたが、２０２０年から乖離が大きくなりはじめ、２０２０年は総合順位（23位）と政府の効率性順位（28位）に5ランクの差が生まれ、２０２３年は10ランク、２０２４年は19ランクまで広がった。文在寅（ムン・ジェイン）前政権をはじめ、経済的な要素ではなく政治的な要素が政府の政策を左右するケースが増えていたことが要因とみられる。

自動車の輸出も堅調

（写真提供：現代自動車）

輸出はサムスンなどの財閥が牽引

■研究開発も財閥企業が牽引、新事業の創出へ組織改編を実行

韓国の主要財閥企業は、新事業の競争力アップと事業構造の再編に注力している。グローバルサプライチェーンの見直しや景気低迷の長期化など経営環境の不確実性が高まっているため、新たな成長ドライバーを通じた飛躍を目指している。その一環として、ＡＩ、ロボット、ＸＲ（クロスリアリティー）など、現在の主力事業とのシナジー効果が出せる新事業の展開を進めている。

サムスン電子は、２０２３年8月にクリエイティブな技術と製品を発掘するために、家電、スマートフォン、テレビ事業を担うデバイス・エクスペリエンス部門傘下に「未来技術事務局」を新設した。また、プロジェクターとロボットを融合した製品の事業化を進めるため、映像ディスプレー事業部において関連の企画、開発、検証の全プロセスを担う専門組織を設けた。さらに、２０２３年11月に長期的な視点の新事業を発掘するＣＥＯ直轄の「未来事業企画団」、２０２３年12月にはデバイス・エクスペリエンス部門傘下に新事業開発を統括する「ビジネス開発グループ」などを設置した。

現代自動車グループ（現代自動車と起亜自動車）は、ＳＤＶ（ソフトウエアデファインドビークル）に関する取り組みを全社的に進めており、２０２５年をめどに全車種のＳＤＶ化を計画している。そして、ソフトウエアを中核としたＡＩ機器へ自動車を再定義すべく、２０２４年初頭に組織

改編を行い、研究開発組織をＴＶＤ（総合自動車開発）とＡＶＰ（先端自動車プラットフォーム）に分けた。

また、ＵＡＭ（アーバンエアモビリティー）などのＡＡＭ（次世代エアモビリティー）市場でも組織づくりを進めており、２０２８年に米国と韓国でＵＡＭ製品を実用化する計画だ。現代自動車グループは、スマートモビリティサービスプロバイダーの「Ｓｕｐｅｒｎａｌ」を２０２１年に米国で設立し、２０２４年1月の「ＣＥＳ２０２４」にて、ｅＶＴＯＬ（電動垂直離着陸機）のコンセプト機「Ｓ－Ａ２」を発表した。Ｓｕｐｅｒｎａｌはｓ－Ａ2を４００～５００ｍの上空を時速２００㎞で飛行させることを目指す。

ＳＫハイニックスは、ＡＩ半導体向けで需要が拡大しているＨＢＭ（High Bandwidth Memory）などの競争力アップを目指しており、未来のＡＩインフラ市場における競争優位性を維持するため、ＡＩインフラ組織を23年末に新設。ＡＩインフラ組織のなかに、これまで各部門でばらばらに行っていたＨＢＭ関連の取り組みを集約し、ＨＢＭビジネスチームも設けた。新組織は、次世代ＨＢＭなどを含む新市場の発掘や開拓など行っている。

さらに、ＮＡＮＤフラッシュとソリューション事業の競争力を強化するために「Ｎ－Ｓ　Ｃｏｍｉｔｙ」を設置。また、先端技術と既存量産技術を有機的に連携させ、シナジーを創出するために

CEO直轄の「基盤技術センター」も新設した。

2024年5月における韓国の輸出額は前年同月比11・5％増の580億ドル、2024年1～5月期累計の輸出額は前年同期比9・9％増の2777億ドルと堅調に推移した。牽引役となっているのが半導体と自動車。つまり、サムスン電子、SKハイニックス、現代自グループなど大手財閥が韓国経済の好不調を左右する。

2024年の韓国経済は、物価や金利の上昇で内需が弱含んでいるが、輸出は主要13品目（半導体、ディスプレー、自動車、造船、リチウムイオン電池、バイオヘルス、一般機械、鉄鋼、精油、石油化学、繊維、情報通信機器、家電）がすべて増加する見通し。なお主要13品目は、サムスン、SK、現代、LG、ハンファ、ロッテなどの財閥グループの主力ビジネスが大半を占めており、輸出主導型の経済である韓国において、大手財閥の存在感が大きい理由がここにあるといえる。

韓国産業研究院の「2024年下半期の経済・産業展望」によると、2024年における韓国の輸出額は前年比8・3％増の6848億ドルと予測されており、過去最高であった2022年（6836億ドル）を上回る見通しだ。

2024年後半は、主要IT製品の買い替え需要がグローバルで高まるとみられており、グローバル企業の投資が回復し、ICT関連投資が拡大すると見込まれている。半導体についても、メモリー単価上昇やＡＩ半導体の需要増なども相まって市場環境は改善する見通しであり、２０２４年における韓国の半導体輸出は前年比35・９％増の１３００億ドル超となる見通しで、韓国の輸出額全体の19％を占める見込みだ。また、自動車の輸出についても過去最高規模を記録するとみられている。

韓国における研究開発投資をみると、韓国企業上位１０００社における研究開発投資額は、直近の10年間で年平均6・6％の割合で拡大した。しかし、グローバルでみると、韓国企業における研究開発投資の規模は大きくない。２０２２年のランキングでは9位であり、米国、中国、日本のほか、台湾よりも規模が小さかった。

韓国産業通商資源省と韓国産業技術振興院が先ごろ発表した「２０２３企業Ｒ＆Ｄスコアボード」によると、２０２３年における韓国のＲ＆Ｄ投資上位１０００社の総投資額は前年比８・７％増の72・５兆ウォンとなり、過去最高を記録した。上位１０００社の売上高は同２・８％減の１６４２兆ウォンだったことから、売り上げが減少したにもかかわらず研究開発投資を増やしていることが読み取れ、売上高に占める研究開発費の割合は２０２２年の3・9％から２０２３年は４・４％にアップした。しかし、企業別の研究開発投資をみると、上位グループに偏りがみられる。韓国企業で研究開発費が最も多かったサムスン電子は、２０２３年の研究開発投資額が同14・４％増

韓国財閥企業による主な組織再編

企業名	内容
サムスン電子	デバイス・エクスペリエンス部門に未来技術事務局やビジネス開発グループを設置。未来事業企画団をCEO直轄組織として設立
SKハイニックス	AIインフラに関する組織を設置
現代自動車グループ	ソフトウエアをベースとした未来モビリティーの開発に向けて、先端自動車プラットフォームの研究組織を設立
ハンファオーシャン	艦艇のMRO（維持、補修、整備）に関する専門組織を新設

鄭会長（右）が率いる現代自動車グループはＳＤＶの取り組みを強化

AI ビジネスのビジョンを打ち出す SK ハイニックス

(写真提供：ＳＫハイニックス)

サムスンは研究開発でも圧倒的な存在感

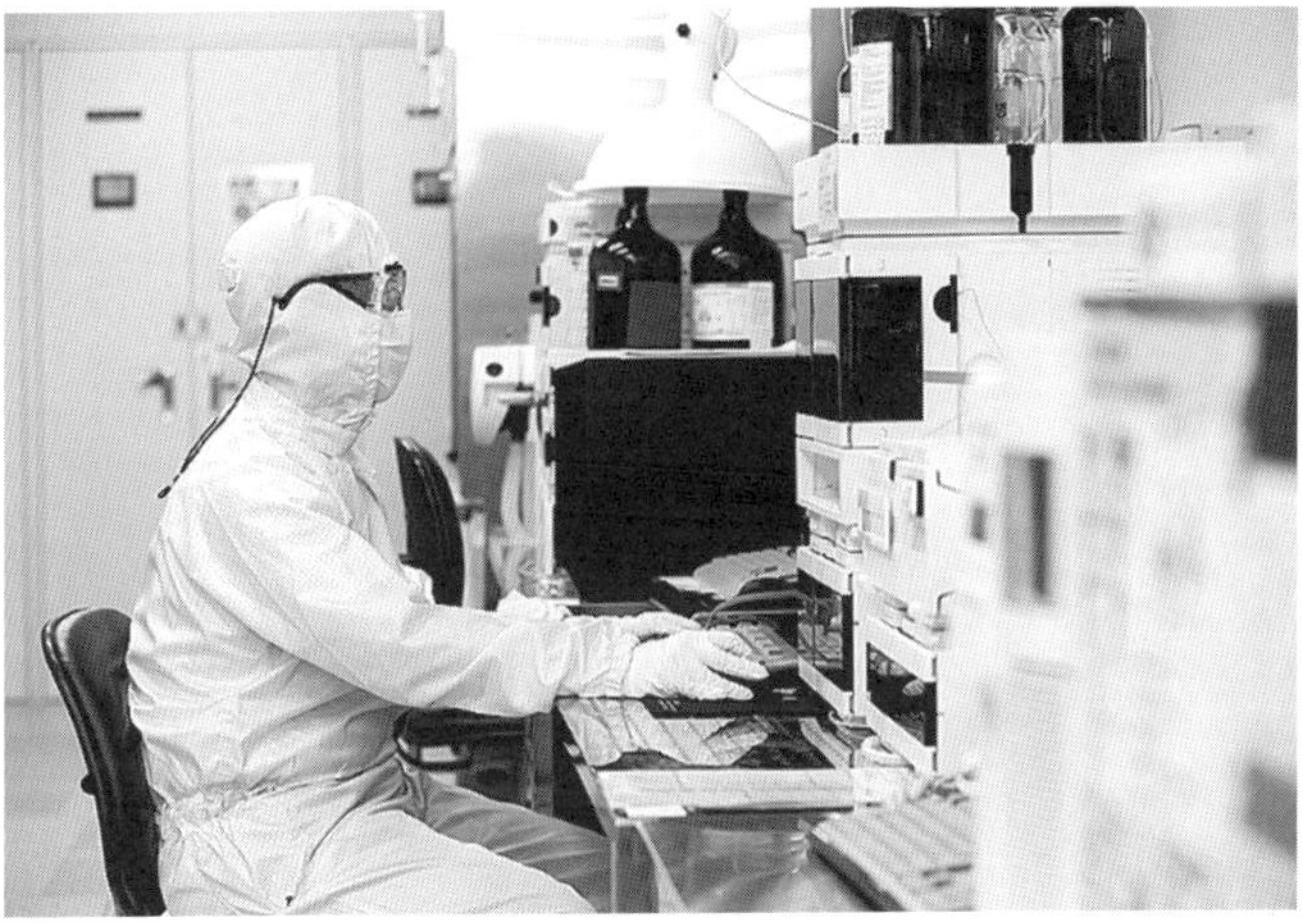

の23・9兆ウォン。上位1000社の総額のうち3分の1をサムスン電子が占めたことになる。また、2位の現代自動車の研究開発費は同15・6％増の3・7兆ウォン、3位のSKハイニックスが同10％減の3・6兆ウォンであり、3社で1000社全体の43％を占めた。研究開発は競争力を強化し、次世代事業を創出する重要な源泉となる。その研究開発においても大手財閥の存在感が大きいことから、韓国が財閥主導型経済から変革していくことはハードルが高いといえるだろう。

■新規事業を強化する財閥、時価総額上昇でトリプルファイブ達成を狙う

2024年は、韓国内外における複合的な危機と課題が依然として山積するなか、米中の経済安全保障を巡る覇権争いなども熾烈さを増している。特にグローバリゼーションの終焉に伴う自国優先・保護貿易主義の度合いが高まり、先進国になったばかりである韓国（国連貿易開発会議が韓国の地位を開発途上国から先進国へ2021年に変更）の経済が試されている。

こうしたなか韓国は、現在の人口規模（5156万人）を維持し、国民所得を高め、世界主軸国家に向けたトリプルファイブ（国民所得5万ドル、G5国家入り、人口5000万人）の達成という壮大な未来像を打ち出している。これからG5入りを実現するためには、国家のブランド価値を7790億ドルにまで飛躍させる必要があり、韓国内外の厳しい状況下にもかかわらず、韓国財閥企

業には壮大なチャレンジがこれからも求められることになる。

ＬＧグループは、具光謨代表取締役会長が打ち出した「ＡＢＣ」（ＡＩ、バイオ、クリーンテック）中心の未来成長戦略に取り組んでいる。ＡＩ分野では大規模なＲ＆Ｄを推し進めており、今後5年間で3兆６０００億ウォンを投じ、ＬＧグループのＡＩ専門研究院を主軸に、超巨大ＡＩ「ＥＸＡＯＮＥ」の展開や新たなＡＩの研究開発に注力する。

現代自動車グループは、クリエイティブなアイデアを持つ従業員をサポートし、未来新事業の推進動力を創出するため、２０００年から社内のスタートアップ育成プログラム「ベンチャー・プラザ」を展開。２０２1年からはプログラム名を「ゼロワン・カンパニー・ビルダー」に変えて、自動車に関する多様な分野に事業範囲を広げている。

ハンファグループは、エコエネルギーと防衛（軍事）産業部門といった既存の主力事業からイノベーションを生み出す取り組みを継続するとともに、民間企業が宇宙開発を担う時代を見据えた宇宙関連ビジネスも積極的に進めている。なお、ハンファは韓国で唯一、宇宙発射体から観測通信衛星、探査などを網羅する「宇宙バリューチェーン」を構築している。

ポスコグループは、世界でサプライチェーンの再編が進み、かつグローバル経済が低調で、地政学リスクも高まるなか、主力事業の成長機会を創出し、持続可能なグローバルビジネスリーダーへの飛躍を目指している。その一環として、鉄鋼事業で水素還元製鉄技術「HyREX」の試験プラントの建設と電気炉の新設を進めており、カーボンニュートラルに向けた取り組みを進めている。また、ポートフォリオの転換を通じてグローバルトップレベルの鉄鋼メーカーを目指す。

2024年に創業128周年を迎える斗山グループは「チェンジDNA」をベースに変貌を続けている。成長の可能性が高いエコエネルギー事業と先端未来事業を融合した機械・自動化事業、そして半導体と先端材料事業を中心にした取り組みを進めており、グループ企業の斗山エナビリティ(慶尚南道昌原市)では、小型モジュール炉(SMR)、水素、ガスタービンなどエコエネルギー分野で先行することを目指している。特に次世代エネルギー源として注目されるSMR市場については、グローバルな受託生産企業としての地位を確立しつつあり、ニュースケールパワー(米オレゴン州ポートランド)やエクスエネルギー(米メリーランド州ロックビル)などとの協力関係を構築している。

現代製鉄は、設備への新規投資を通じて、高付加価値製品に対する量産体制の構築を急いでいる。2024年は唐津(ダンジン)製鉄所のフェーズ1厚板工場において熱処理設備を追加導入し、2025年にはフェーズ2冷延工場にて第3世代鋼板の生産のための新規投資を完了する。このような新規投資は高付加価値製品を通じた競争力強化戦略の1つとされている。

ロッテグループは、事業ポートフォリオの拡大とグローバル市場への進出で新たな飛躍を目指す。その1つとして、ＡＩに対する技術力を向上させ、従来事業についても持続的な成長を模索する。また、バイオなどの新事業への投資も強める。

コオロングループは、新事業と環境関連事業に対するR&D投資を継続的に実施し、競争力を強化する。そのなかで傘下のコオロンインダストリー（京畿道果川市）が、グローバル総合材料メーカーとしての地位を高めつつある。同社の主力製品は、鋼鉄より強度があり、５００℃以上の高熱にも耐えられる特殊繊維であるアラミド（芳香族ポリアミド系樹脂の総称）で、ＥＶのタイヤをはじめ、光ケーブル、防弾、航空宇宙など先端産業分野におけるコア材料として採用されている。

２０２４年1～6月期に韓国主要財閥企業の時価総額で大きな変動が起きた。ＬＳグループの時価総額が約2倍となり、ＨＤ現代とＳＫグループの時価総額も大幅に増加した。ＡＩ関連株に買い注文が増えたことで、半導体や電力に関連する株にも注目が集まった。一方、ポスコ、ＬＧ、カカオグループなどは業績の不振で株価が下落し、時価総額も減少した。

韓国公正取引委員会の資料によると、資産規模が大きい財閥企業上位15グループ（農協除く）のうち、２０２４年1～6月期に時価総額（優先株含む）が拡大したグループは9社であった。増加率が最も高かったのはＬＳグループで、２０２４年初頭に6兆８６３1億ウォンであったＬＳグ

韓国財閥企業の時価総額

（単位：億ウォン、％）

グループ名	24年1月2日時点	24年6月26日時点	増減率
サムスン	7,181,455	7,261,086	1.1
SK	1,808,502	2,454,803	35.7
現代自	1,381,757	1,748,620	26.6
LG	1,900,020	1,592,604	-16.2
ポスコ	910,612	693,673	-23.8
ロッテ	188,087	176,560	-6.1
ハンファ	232,333	268,879	15.7
HD現代	338,191	473,063	39.9
GS	99,936	113,867	13.9
新世界	50,780	43,595	-14.1
KT	105,421	111,090	5.4
韓進	152,336	138,746	-8.9
カカオ	514,914	366,743	-28.8
LS	68,631	130,714	90.5
斗山	198,328	245,267	23.7

（出典：韓国公正取引委員会）

ループの時価総額は、同6月26日時点では13兆7１４億ウォンと90％以上伸びた。そのほか、ＨＤ現代グループが39・９％増の47兆３０６３億ウォン、ＳＫグループは35・７％増の２４５兆ウォンとなった。これらグループの躍進の背景には先述したとおりＡＩがある。ＡＩ市場の拡大でＡＩ半導体の市場も活況を呈し、電力の需要が急増したことなどが、こうしたグループの時価総額の上昇につながった。ＬＳグループ傘下のＬＳエレクトリック（京畿道安養市）の時価総額は、２０２４年初頭の２兆１９６０億ウォンから同６月26日時点では６兆６００億ウォンまで拡大し、約6カ月で約2・8倍となった。ＨＤ現代グループ傘下のＨＤ現代エレクトリック（京畿道城南市）も前述同期間に2兆８８７３億ウォンから10兆８６８２億ウォンへ急増した。ＳＫグループでは、グループ時価総額の70％強を占めるＳＫハ

ポスコのHyREXの概念図

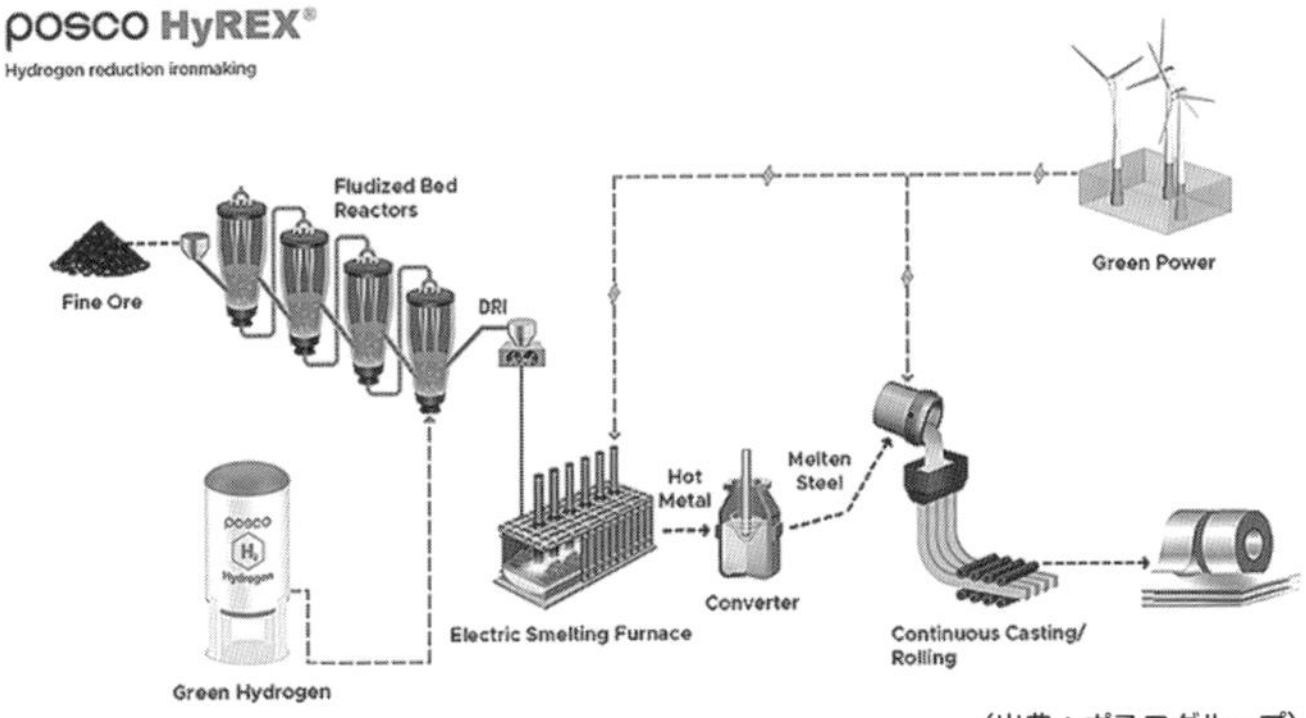

（出典：ポスコグループ）

SMRのイメージ図

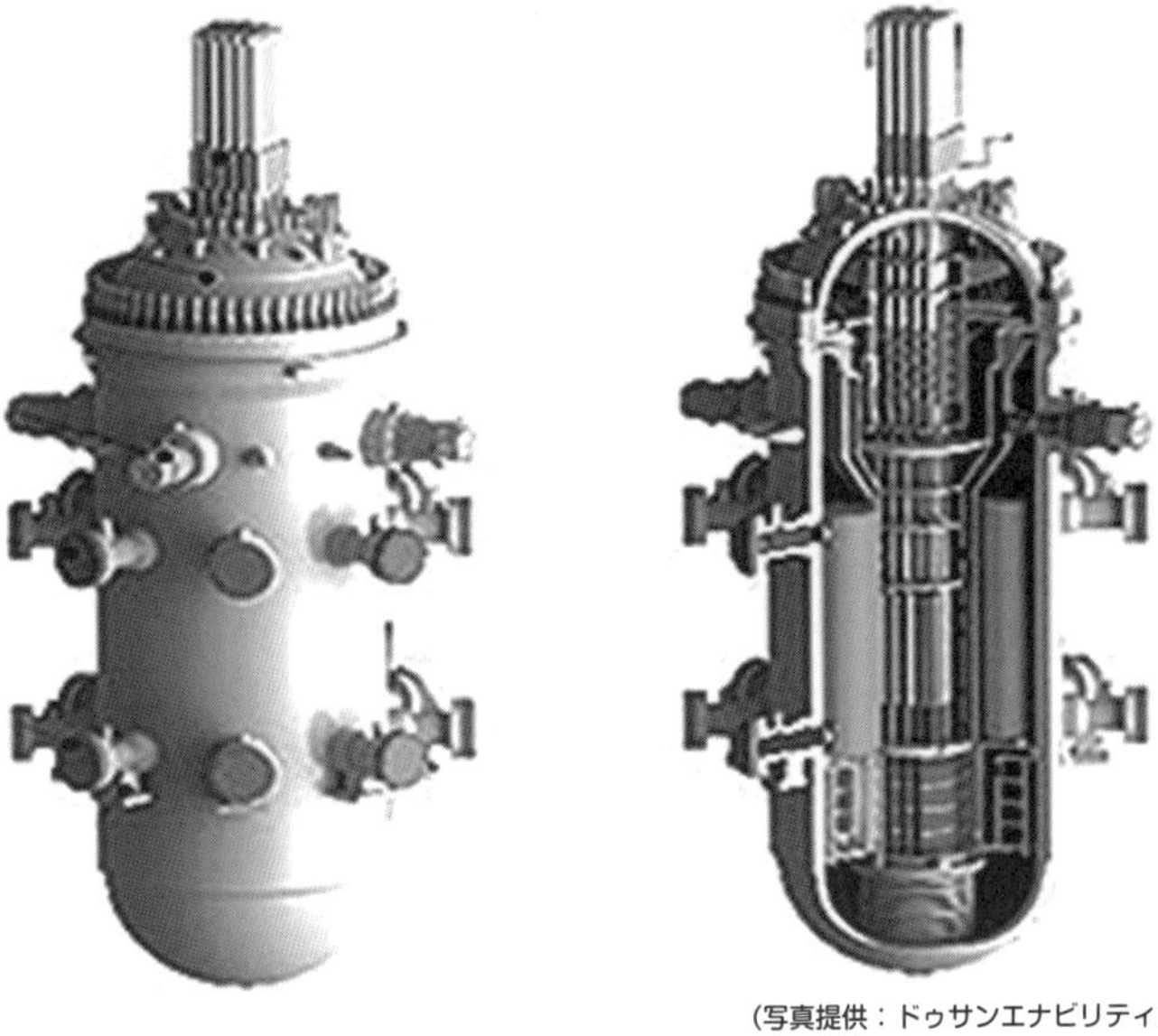

（写真提供：ドゥサンエナビリティ）

SK ハイニックスの HBM

イニックス（京畿道利川市）がAI半導体用HBM（High Bandwidth Memory）の供給を拡大しており、SKハイニックスの時価総額は前述の同期間に約104兆ウォンから約173兆ウォンへ拡大した。SKハイニックスは、ASP（平均販売価格）の競争優位を維持している高付加価値製品のラインアップで競合他社を圧倒している。
一方、サムスングループの時価総額は1％増にとどまっている。HBMに関してもSKハイニックスの後塵を拝している状況であり、半導体分野における勢いの差が時価総額の伸びにも表れているといえるだろう。

■未来のモビリティーに挑戦、現代自動車の業績が過去最高を記録

韓国自動車業界最大手の現代自動車グループ（現代自動車＋起亜自動車）の業績が好調に推移している。現代自動車の売上高は、２０２１年に１１６兆ウォン、２０２２年に１４２兆ウォン、２０２３年に１６３兆ウォンと右肩上がりの状況であり、２０２４年は前年を上回る勢いだ。起亜自動車の売上高も２０２１年に70兆ウォン、２０２２年に87兆ウォン、２０２３年に１００兆ウォンを記録。現代自動車と同様に右肩上がりの状況にあり、２０２４年も好調を維持している。そのため、現代自動車グループでみると、２０２４年は過去最高の売上高を達成できる可能性が高くなっている。

こうした好調の背景としては、ＳＵＶ（Sport Utility Vehicle）やプレミアム車種といった高付加価値品を中心としたポートフォリオへの転換に加え、グローバル市場におけるシェア拡大やウォン安などが挙げられる。特に韓国国内での販売が下ぶれるなか、北米や欧州市場を筆頭に海外市場での好調が続いている。

現代自動車は、２０２４年5月に35万６２２３台を全世界で販売。そのうち米国市場で全体の約48％となる15万９５５８台を販売した。２０２４年１～5月における米国の自動車市場は、ＥＶの比率が過去最高の11・２％となり、エコカーの販売が拡大している。ＥＶといえば中国勢が取り組

みを強化しているが、米中貿易摩擦の影響で中国ＥＶの米国市場での展開が難しい状況にある。また インド市場でも、インドと中国の関係悪化によって中国製ＥＶの販売活動が進んでいない。こうしたなか、現代自動車グループは、北米、インド、そしてお膝元である韓国市場において全社利益の80％強を上げており、今後も安定した業績が見込まれる。

現代自動車グループの好調さのもう1つの理由が、ＥＶ専用プラットフォームの「Ｅ－ＧＭＰ」である。Ｅ－ＧＭＰが採用されたＥＶのグローバル累計販売台数は直近3年間で70万台を突破。このうち海外販売割合は76・4％（54万台）に達している。

現代自動車グループのＥ－ＧＭＰは、内燃機関自動車プラットフォームをベースにバッテリーを搭載する従来のタイプとは異なり、ＥＶに最適化された設計となっている。例えば、バッテリーを車体の底に配置し、重さの中心を低くすることで空間の活用性を高め、走行性能も改善している。同社は現在7種のＥ－ＧＭＰ型ＥＶを展開しており、２０２５年末まで9種に増やす計画だ。また、現代自動車は大型ＳＵＶのＥＶを２０２４年に市場へ投入する予定。起亜自動車はＥＶの大衆化戦略を牽引する主力モデル「ＥＶ４」を投入する。現在のＥＶ市場はグローバルでややトーンダウンしているが、現代自動車グループは電動化に関する戦略をさらに進めていく方針だ。

その一環として、現代自動車は、リン酸鉄（ＬＦＰ）系正極材を用いた角形リチウムイオン電池

（L・iB）の新規ラインを南陽研究所（京畿道華城市）に建設する計画を進めている。LFP系LiBは安価かつ安全性に優れていることから、EVのコスト競争力を左右する重要部品であり、同社は2024年後半に角形LFP系LiBの組立設備を発注する予定で、現在装置・部材メーカーと協議を進めている。角形のLFP系LiBは、メルセデス・ベンツ、BMW、フォルクスワーゲン、ステランティスといった大手メーカーも採用する方針を示しており、現代自動車はバッテリーの内製化を通じて、EV市場での価格競争力確保を目指す。IEA（国際エネルギー機関）によると、EV市場におけるLFPバッテリーの90％強は中国産であり、CATL（中国・寧徳市）とBYD（中国・深圳市）の2社が80％強のシェアを誇っている。現代自動車グループは、LFP系LiBの内製化を進めることで、高いシェアを誇る中国勢への依存度を減らす狙いもあるようだ。

現代自動車は2023年に開催した「CEOインベストデー」にて、LFP系LiBをはじめ、ハイブリッド・バッテリーや全固体電池など車載バッテリーの開発ロードマップを発表している。韓国には、LGエナジーソリューション、サムスンSDI、SKオンといったバッテリー企業があり、完成車メーカーへの供給でも実績があることから、新たなバッテリー開発での連携も加速する。

現代自動車グループの創立者である鄭周永（チョン・ジュヨン）氏の経営スタイルには、「腐った橋を渡ってみる」というチャレンジ精神が根幹にあった。そしてその精神を受け継ぎ、未来のモビリティー市場にチャレンジする3代目の鄭義宣（チョン・ウィソン、54歳）会長は、100年企業に向けた壮大なビジョンを描いている。鄭会長は、副会長であった2010年から本格的なSDV（ソフトウエアデファインドビークル）化に取り組んできた。2000年代にトヨタ自動車のハイブリッド車が自動車市場で広がっていくことを目にした鄭会長は、ハイブリッド車で勝負するのではなく、EVとSDVで優位性を確保し、シェアを獲得する準備をそのときから始めていた。

1970年代に韓国の技術で自動車を製造した鄭周永氏、徹底した品質重視の経営を貫いた2代目の鄭夢九（チョン・モング）氏を経て、鄭会長が進める未来のモビリティーへの挑戦に韓国自動車産業の未来がかかっている。

韓国鉄鋼最大手のポスコグループは、2030年ごろに時価総額を現状の3倍となる200兆ウォンにするという目標を立てている。そのために同社は、従来の鉄鋼、商事、建設部門に偏っていた事業ポートフォリオを、LiB材料、宇宙、モビリティー、炭素低減分野などへと広げて収益構造を多様化する。ポスコは「時価総額200兆ウォンを目指し、材料分野における最高の企業価値を誇るグローバル超一流の企業に飛躍していきたい」とする。ポスコグループの2023年における売上高は93兆6110億ウォン、純利益は2兆5970億ウォンを記録した。同社は2030年に総売上高250兆ウォン、営業利益16兆ウォンを達成するという壮大な近未来ビジョンを打ち

現代自動車と起亜自動車の年間売上高

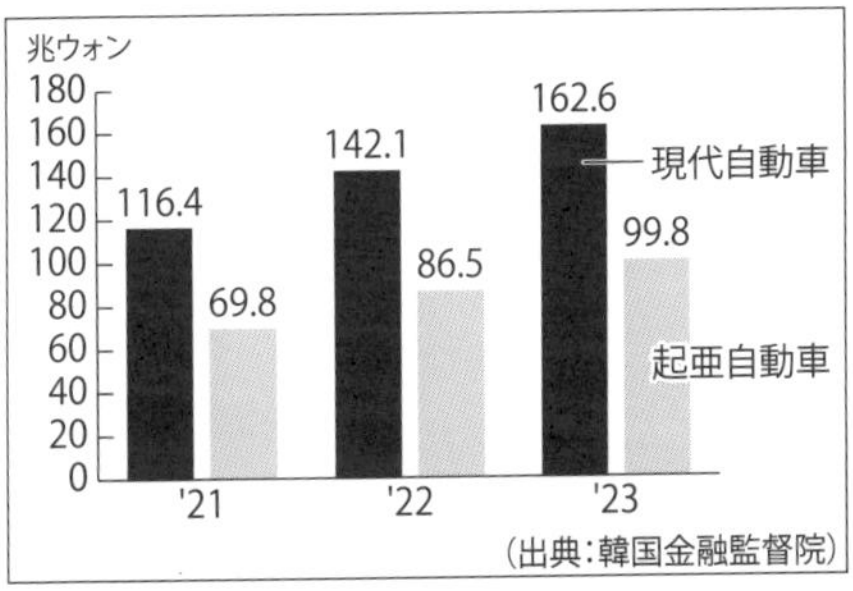

現代自動車グループの「E―GMP」

（写真提供：現代自動車グループ）

出している。

ポスコはまた、企業の価値を引き上げるために収益構造を見直す。新しい成長ドライバーの主軸は新素材事業の取り組みにある。特に従来の事業と連携できる新素材に注力。さらに、航空・宇宙といった未来産業向けの新素材の開発および技術の確保を目指す。とりわけ、ポスコグループ内の未来技術院や浦項産業科学研究院などにおける研究も進め、新素材事業を拡大す

現代自動車グループはSDVに注力

（写真提供：現代自動車グループ）

ポスコの浦項製鉄所

（写真提供：ポスコグループ）

るためのM&Aも積極的に進める。このほか、グループの構造改革を断行する。損失計上が続く事業や投資目的が曖昧な事業は聖域なしで整理するほか、系列会社などで重複している事業は統廃合を経て組織のスリム化を図る。

■LGと大韓航空の新たな戦略、ABC産業と機体導入で次の成長へ

LGグループは、ABC（AI、バイオ、クリーンテック）分野を中心とした成長戦略を進めている。2018年に3代目のLGグループ代表取締役会長に就任した具光謨（グ・クァンモ、46歳）氏は、厳しい経営環境下においても差別化したカスタマーエクスペリエンスの創出に注力している。

AI分野では、積極的な研究開発投資を実行する方針。2024~2028年に3兆6000億ウォンを投じる計画を進めており、LGグループは「AI専門研究院」を中心に超巨大AI「EXAONE」などの研究開発に取り組んでいる。また、LGグループは技術開発と高品質の製品開発を強化。テレビや冷蔵庫などの家電製品はAI技術を駆使した新たな価値を消費者に提供し、エレクトロニクス関連部品は高い技術力をベースにしたものづくりを徹底する。

AI専門研究院では、EXAONEをベースにした3つのプラットフォーム「ユニバース」（言語）、「ディスカバリー」（難題）、「アトリエ」（創作）を開発。LGは「2020年にグループにおけるAI研究のハブとしての役割を担うAI研究院を設立した。系列会社や韓国内外のパートナーとコラボし、AI技術のさらなる高度化に取り組んでいる」と話す。

バイオ分野では革新的な新薬の開発に向けて1兆5000億ウォンを投入する方針。また、バイオ素材、再生可能エネルギー、EV充電などクリーンテック分野にも1兆8000億ウォンを投じ

る。

　また、ＬＧグループでは、ＬＧ電子において２０１７年６月にロボットに専門的に取り組む「ロボット先行研究所」を設置した。２０１８年には、産業用ロボットメーカーのロボスター（韓国安山市）に出資するなど、ロボット事業を将来の成長事業の１つとして育成している。ＬＧグループでリチウムイオン電池（ＬｉＢ）事業を担うＬＧエナジーソリューション（ＬＧＥＳ）は、フランス最大手自動車メーカーのルノーにＥＶ向けリン酸鉄（ＬＦＰ）系ＬｉＢを供給する契約を締結済み。供給量はＥＶ59万台分で、中国勢が強みを有するＬＦＰ系ＬｉＢ市場において、韓国ＬｉＢメーカーとして初の大規模受注となった。なお、韓国ＬｉＢ業界ではＬＧＥＳの受注額は約５兆ウォンと予測している。

　一方、ディスプレー事業を展開するＬＧディスプレー（ＬＧＤ）は構造改革を進めており、中国・広州市にある液晶パネル工場の売却作業をほぼ完了した。売却先は中国ＦＰＤ（Flat Panel Display）メーカーのＣＳＯＴ（華星光電、深圳市）で、売却金額は１０８億元（約２２１４億円）となり、２０２５年３月末に最終処分するかたちとなる。ＣＳＯＴはサムスンの蘇州８・５世代工場を買収するなど、既存工場を取得して事業を広げるケースが多い。

　こうした状況であるが２０２４年は、それまで減少傾向にあったＬＧグループの関連株が反転しつつある。ＬＧＤは構造改革の効果などで3年ぶりに黒字転換となる可能性が高まっており、ＬＧ電子の業績も堅調に推移している。また、ＬＧＥＳとＬＧ化学の業績も底を打ったという見方が強くなっている。

調査会社Ｏｍｄｉａによると、フォルダブル有機ＥＬ市場でサムスンディスプレー（ＳＤＣ）のシェアは２０２１年に90％であった。しかし、２０２４年前半には47％と大きく低下し、ＢＯＥ（京東方科技集団）やＣＳＯＴなどの中国系メーカーが53％を占めた。２０２４年１～３月期だけをみると、中国産フォルダブルスマートフォンへ大量供給したＢＯＥのシェアが54・３％となり、ＳＤＣの28・９％を大きく引き離してトップとなった。また、韓国勢が強みを有する大型有機ＥＬ市場も中国勢が猛追している。さらに、中国勢は液晶パネル市場については61％程度の世界シェアを有しており、２０２７年ごろにはその割合が78％に達するとみられている。

韓進グループ傘下の大韓航空（ＫＡＬ）は、米ボーイング社と30兆ウォン規模の新型航空機の購入に関するＭＯＵ（覚書）を２０２４年7月に締結した。最大50機とされる契約は、ＫＡＬの創業以来最大の規模となる。また、ＫＡＬは仏エアバス社とも２０２４年３月に新型航空機33機を18兆ウォンで購入する契約を締結しており、２０２４年からの数年間で48兆ウォン（約５兆３３３３億円）を投じて新型航空機83機を導入する。

液晶パネルの国別シェア

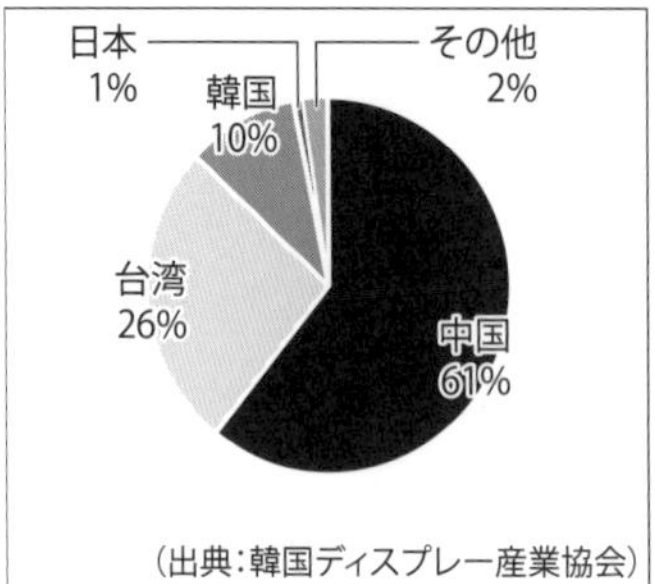

（出典：韓国ディスプレー産業協会）

LGDの年間業績

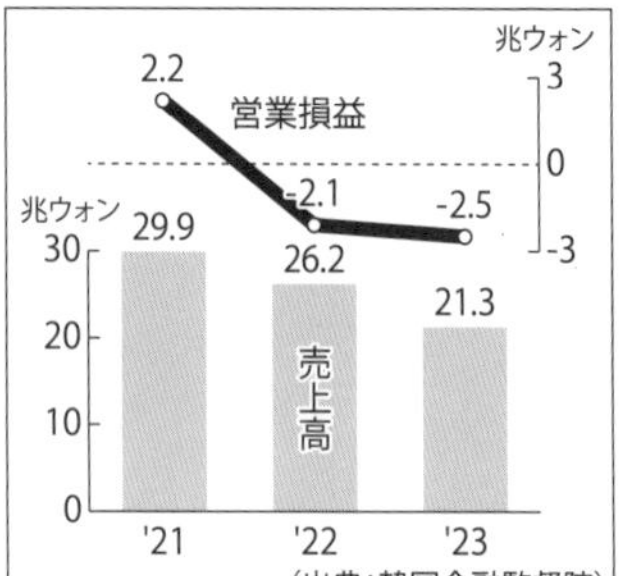

（出典：韓国金融監督院）

ＫＡＬが導入するボーイングの「７７７－９」(20機)と「７８７－10」(30機)は、欧米など韓国からの長距離運航が可能な中大型航空機。韓国の航空業界筋によれば、契約規模は30兆ウォンに達する。エアバスとは「Ａ３５０－１０００」(27機)と「Ａ３５０－90」(６機)の購買契約を締結済み。ＫＡＬは「ボーイング７７７－９と７８７－10の導入は、当社の機種の拡大およびアップグレードに重要な経営判断だ。乗客の便利さと運航の効率性アップを期待するうえ、炭素排出量を大きく減らしつつサステナブル経営に注力していきたい」と強調する。また、ＫＡＬは韓国アシアナ航空との統合を２０２４年12月に予定しており（米国の承認待ち）、航空機の大量購入により事業を一気に拡大する。

ＫＡＬは、韓進グループにおける主力企業であるとともに、近年は航空機の開発や製作事業まで手がける航空宇宙産業の総合企業として、韓国釜山に構えるＫＡＬテックセンターを中核に、航空機および部品の開発、衛星および発射体の開発、無人航空機開

LG グループは新規開発を加速

（写真はＬＧ電子が開発しているロボット）

KAL はボーイングと MOU を締結

（写真提供：ＫＡＬ）

KALジャパンのビル

発や航空機の改造、性能改良など多様な事業を展開している。２０００年代初頭から無人機の開発にも取り組んでおり、近接監視用の無人機をはじめ、監視偵察用無人機やハイブリッド・ドローン、中高度無人機などへの研究開発投資を拡大している。

東京都港区にある日本法人のＫＡＬジャパンは、そうした未来戦略をバックアップする最前線でもある。ＫＡＬジャパンは日本からの半導体製造装置や先端材料などを中国に多く輸送しており、香港、シンガポールなどへの物流中核地としての役割も果たしている。

■ＳＫとハンファの未来戦略、ＡＩとデータセンターが次のテーマに

ＳＫハイニックスを傘下に置くＳＫグループは長年、韓国財閥ランキングで5位に位置していたが、２０２２年にサムスンに次ぐ2位に上昇し、２０２３年も2位にランクインした。韓国公正取引委員会と財閥ドットコム（ソウル市鍾路区）が発表した韓国財閥ランキングによると、ＳＫグループはグループ企業２１９社を擁し、総売上高（２０２３年基準）は２００兆ウォンを超える規模を誇る。

ＳＫグループが飛躍した理由の1つが、２０１２年に実行した半導体メーカー、ハイニックスの買収だ。買収を決断した崔泰源（チェ・テウォン）代表取締役会長は、大韓商工会議所の会長職も兼任する人物で、ハイニックスの買収をはじめ、半導体ウエハー専業メーカーのシルトロン（現ＳＫシルトロン）、材料専業メーカーのマテリアルズ（ＳＫマテリアルズ）など大規模なＭ＆Ａを立て続けに成功させ、卓越した経営手腕を発揮している。

そんな崔氏は先ごろ、２０２６年までに総額80兆ウォンを投じ、ＡＩのバリューチェーン構築に取り組むという壮大な未来ビジョンを打ち出し、韓国産業界では崔氏の「ＡＩビジネス・リーダーシップ」に関心が高まっている。ＳＫグループは近年、電池、バイオ、半導体を重点分野に据えて事業規模を拡大してきたが、今後はＡＩを中心にグループの構造を全面的に変えていく考えだ。

こうした変革に向けた投資として80兆ウォンを計画しており、その資金を生み出すため、収益性の改善、事業構造の最適化、シナジー効果の向上などを積極的に進めており、こうした取り組みによって今後3年で30兆ウォンのフリーキャッシュフローを創出し、負債割合を100％以下に管理することを目指す。SKは2023年に税引前損失10兆ウォンを計上したが、2024年は税引前利益22兆ウォンを見込んでおり、黒字転換を計画している。崔氏は「新しい転換の時代を迎えて、未来を準備するべく先行的かつ根本的な変化が求められている。当グループは、グリーン、化学、バイオ事業部門の市場変化と技術競争力などを綿密に見極めて選択と集中、そしてまた内実経営を通じた質的成長を追求していかねばならない」と強調する。

その一環として、現在219社あるグループ会社を管理可能な範囲に調整ならびに統廃合する計画。その1つとして、石油化学事業を展開するSKイノベーションとエネルギー事業を手がけるSK　E&Sとの合併を決定するなど、グループにおける事業ポートフォリオのリバランス（再構造化）を急ピッチで進めている。リバランスの第1号となるSK　E&Sは非上場企業だが、毎年1兆ウォン強の営業利益と数千億ウォンの配当収益をSKグループにもたらしており、こうした取り組みを含めてさらなるリバランスが進む見通しだ。

韓国財閥ランキング第7位に位置するハンファグループは、2023年の総売上高が

72兆6640億ウォン、純利益が1兆9430億ウォンを誇る。ハンファグループではエネルギーや防衛関連を中心に、宇宙関連ビジネスなども積極的に進めている。そして、グループ会社のハンファエネルギーにおける新たな取り組みとして、米国においてAIデータセンター事業への参入を目指しており、米テキサス州北西部に受電容量200MW級の超大型AIデータセンターを建設する。投資額は約2兆ウォンとみられ、2025年内に工事を開始する計画。稼働後は米国大手IT企業などにスペースを提供する方針だ。なお、ハンファエネルギーは、データセンターを建設するテキサス州にて2GW規模の太陽光発電所を運営しており、電力取引事業を展開するなど、再生可能エネルギーの供給に強みを持つ。AIデータセンターには大量の電力が必要である一方、カーボンニュートラルに向けた取り組みも求められており、生成AIなどの開発を進める米国IT企業などにとって、再生可能エネルギーとAIデータセンターの両方を提供できるハンファグループの「パッケージディール」は魅力的な提案になるだろう。韓国エネルギー産業に詳しい専門家は「米国には数百MW級のAIデータセンターを求める企業が増えつつある。再生可能エネルギー事業と電力取引のノウハウなどを保有するハンファにとっては大きなビジネスチャンスになる」と分析している。

なお、ハンファエネルギーは、AIデータセンターの事業による賃料や電気使用料などにより、今後20年間で10兆ウォン（約1・14兆円）の売り上げを目指す。2023年の売上高が4兆7110億ウォンだった同社にとって、グローバル展開の加速および新たな成長に向けた重要な取り組みとなる。

韓国経済において半導体産業の拡大、特に半導体輸出の拡大は非常に重要となる。しかし、韓国の半導体業界は、米国大統領への返り咲きを目指していた当時、トランプ氏がブルームバーグ通信のインタビューで述べた「台湾は我々から半導体ビジネスを奪った。彼らは莫大な富を得ている」という言葉に神経をとがらせている。韓国関税庁によると、2024年1~5月の対米輸出額は533億ドルとなり、対中輸出額（526・9億ドル）を上回っており、2024年は2002年以来、22年ぶりに対米輸出が対中輸出を上回る可能性が高まっており、主力製品である半導体の輸出も好調だ。しかし、前述のようにトランプ氏が台湾の半導体産業を牽制し、トランプ氏が大統領に返り咲いたことによって、韓国の半導体産業にも同様の方針を示すことが予想される。

仮にカマラ・ハリス氏が当選した場合でも、中国への半導体関連の規制が強化され、中国に多くの生産拠点を有する韓国メーカーは難しい事業運営が求められただろう。こうしたなか、サムスン電子とSKハイニックスは、米国政府や議会などを相手にしたロビー活動を強めている。両社は「前回のトランプ政権時の経験から、いわゆるトランプ・リスク（アメリカファースト・保護貿易主義）

SKグループの崔泰源会長

SKハイニックスはグループの主力企業に

に対する対応策をすでに立てている。米国のロビー組織を動員して現状を適切に把握し、その状況に最適な対策づくりを進めている」と語る。

一方で、トランプ氏が米国大統領に返り咲いても、韓国の半導体産業、特にメモリー半導体産業に対して及ぼす影響は大きくないという意見もある。前回のトランプ政権時に中国産半導体に対する関税を引き上げたが、サムスンとSKは中国の工場で生産した製品は中国市場でのみ展開し、米国市場向けは全量を韓国の工場で生産した製品で対応したことから、同じような施策で対応が可能という見方だ。

いずれにしても、トランプ氏が正式に米大統領に就任したのち、半導体に関連する新たな問題もより顕在化することになるだろう。

■財閥の代名詞サムスンは半導体投資を再加速、祖国再建の産物に

朝鮮戦争（1950〜1953年）のあと、荒廃した祖国の再建に向けて日本の近代経済システムを取り入れたとされるサムスングループ創業者の李秉喆（イ・ビョンチョル）氏。日本による植民地時代に留学した同氏は、明治維新以降、日本が近代化していった過程を学び、それを韓国でも再現した。そしてこれが韓国財閥の源流ともいえる。儒教文化が根強く残っていた李氏朝鮮

（１３９２〜１８９７年の５０５年間）時代は「士農工商」の意識があり、ビジネスを手がける人物が軽視される時代であった。韓国には「両班（ヤンバン、朝鮮の貴族）なら餓死はしても物乞いはしない」という諺があり、朝鮮貴族は面子を非常に重んじ、実利とかけ離れた理想的な社会を追求していた。

こうした朝鮮社会は、19世紀に欧米からもたらされた産業革命と民主化のうねりも徹底的に排斥し、鎖国による朝鮮王朝の延命に固執した。その結果、近代化の波に乗り遅れ、負の連鎖に飲み込まれることとなった。韓国財閥の代名詞でもあるサムスンは、こうした非実利的な社会を改革すべく、人々の生活を豊かにし、未来社会の発展に貢献することを目指し、「富国強兵」や「技術報国（技術を通して国の恩に報いる）」などの意識を持ち、国家政策とともに豊かな国づくりに貢献してきた。

そんなサムスングループは、２０２３年末時点でグループ会社63社を抱え、グループ売上高３５８・９兆ウォン（２０２３年実績）、純利益43・５兆ウォンを誇る。李秉喆氏から数えて３代目にあたり、現在のサムスン電子代表取締役会長である李在鎔（イ・ジェヨン、56歳）氏は、数多くの違法行為により数年間の裁判で逮捕され、恩赦も受けている。李在鎔氏は、その贖罪として会長としての報酬は受け取っていない。しかし、グループ会社からの配当で莫大な金銭を得ている。

サムスングループは、半導体、ＦＰＤ（Flat Panel Display）、バッテリー、バイオのほか、金融、建設、メディカルなど幅広い業種をカバーし、韓国のみならずグローバルで高いシェアを誇る製品も少なくない。特にサムスン電子は、世界トップシェアのメモリー半導体などエレクトロニクス分野でその名を轟かせており、サムスングループ売上高の約72％（258・9兆ウォン）を担う。メモリー半導体については、1992年9月に世界で初めて64M DRAM（Dynamic Random Access Memory）を開発して以降、30年以上にわたり世界トップの座を堅持している。64M DRAMの開発における中心的な役割を担った人物（韓国の非メモリーファンドリー専業メーカーの社長）は「世界初のDRAMを開発するために週2回64㎞の山道を走り、開発にすべての力を費やした」と述懐する。

サムスン電子は、2023年初頭から実行してきたメモリー半導体の減産を終了した。そしてAIやサーバー向けのメモリー需要や価格上昇などを受け、新規投資に踏み切る。ソウル証券街の分析によれば、サムスン電子は韓国・平澤市に整備している第4工場（P4）の外形工事を完了させ、製造設備の発注を完了したもようだ。稼働は2025年を予定しており、NANDフラッシュの生産から開始するとみられている。サムスン電子はP4への投資を先送りにしていたが、前述のような動きは、半導体市況が完全な上昇期に転換したとの判断が背景にあるようだ。これが世界半導体市場と関連業界に与えるインパクトは少なくないだろう。

サムスン電子がＰ４においてＮＡＮＤフラッシュから生産する背景は、ＡＩ市場の急成長によって今後需要が拡大するとみられるｅＳＳＤ（エンタープライズレベルのソリッドステートドライブ）市場を見据えたものだ。また、サムスン電子は次世代ＤＲＡＭの新規投資も検討している。すでに装置発注の準備をしており、２０２４年末にも装置の搬入を開始する見通し。つまり、Ｐ４におけるフェーズ２投資はＤＲＡＭとなることが確定したことを意味する。

サムスン電子は半導体パッケージ技術の開発にも力を入れており、その１つとしてシリコンインターポーザーを代替する次世代半導体パッケージング技術、特に先端パッケージング事業部を中心に「３・３Ｄの先端半導体パッケージ技術」を開発している。２０２６年４～６月期の量産開始を目指し、ＡＩ半導体に適用する戦略である。ＡＩ半導体は通常、ＧＰＵ（Graphics Processing Unit）やＮＰＵ（Neural network Processing Unit）など演算を担うロジック半導体を中央に置き、その隣にＨＢＭ（High Bandwidth Memory）を配置する。そしてロジック半導体とＨＢＭを連結するために、半導体とパッケージ基板の間にシリコンインターポーザーを置く。一方、サムスン電子は、シリコンインターポーザーの代わりに「銅（Ｃｕ）再配線（ＲＤＬ）インターポーザー」を搭載し、ロジックとＨＢＭを結ぶ技術を開発している。ＲＤＬインターポーザーを使うと材料価格を10分の１に抑えられるという。さらに、演算に必要なキャッシュメモリーの上にロジックを積め

韓国財閥オーナーの報酬ランキング（24年上期）

会社名	氏名	役職	報酬総額（億ウォン）
HS暁星（ヒョスン）	趙顕相	副会長	194.9
ロッテグループ	辛東彬	会長	117.8
斗山グループ	朴庭原	会長	96.1
韓進グループ	趙源泰	会長	64.5
LGグループ	具光謨	会長	58.3
ハンファグループ	金升淵	会長	54.0
ハンファグループ	金東官	副会長	46.0
CJグループ	李在賢	会長	40.6
現代自グループ	鄭義宣	会長	37.1
SKグループ	崔泰源	会長	30.0

※サムスン李会長の報酬はなし。HS暁星は退職金含む

る3D積層技術も同時に実現しようとしている。

サムスン電子は今後、中核の開発人材をロボット分野に集中し、全社的な取り組みにする。社内のR&D人材をロボット分野に再配置しているほか、外部からのロボット関連人材の獲得も積極的に取り組んでいる。特にグループ内部では、技術開発の主軸であるSAIT（旧サムスン総合技術院）とサムスンリサーチがロボット分野で緊密な連携体制を構築している。このように同社がロボット分野の人材確保に熱心になっている理由は、ロボット関連の専門人材が不足しているため。近年、ロボット市場が急成長し、さらなる成長も見込まれるなか、韓国の大学および大学院で研究を行っている学生の数は十分ではない。こうしたなか同社は人材の獲得を先行して進め、AIを搭載したロボット開発を加速し、技術報国に向けた取り組みをさらに進める考えだ。

朝鮮戦争後の荒廃した祖国を再建するために、国家主導の経

AI戦略を打ち出すサムスン電子半導体部門の幹部

世界最薄型メモリーのサムスン製 LPDDR5X

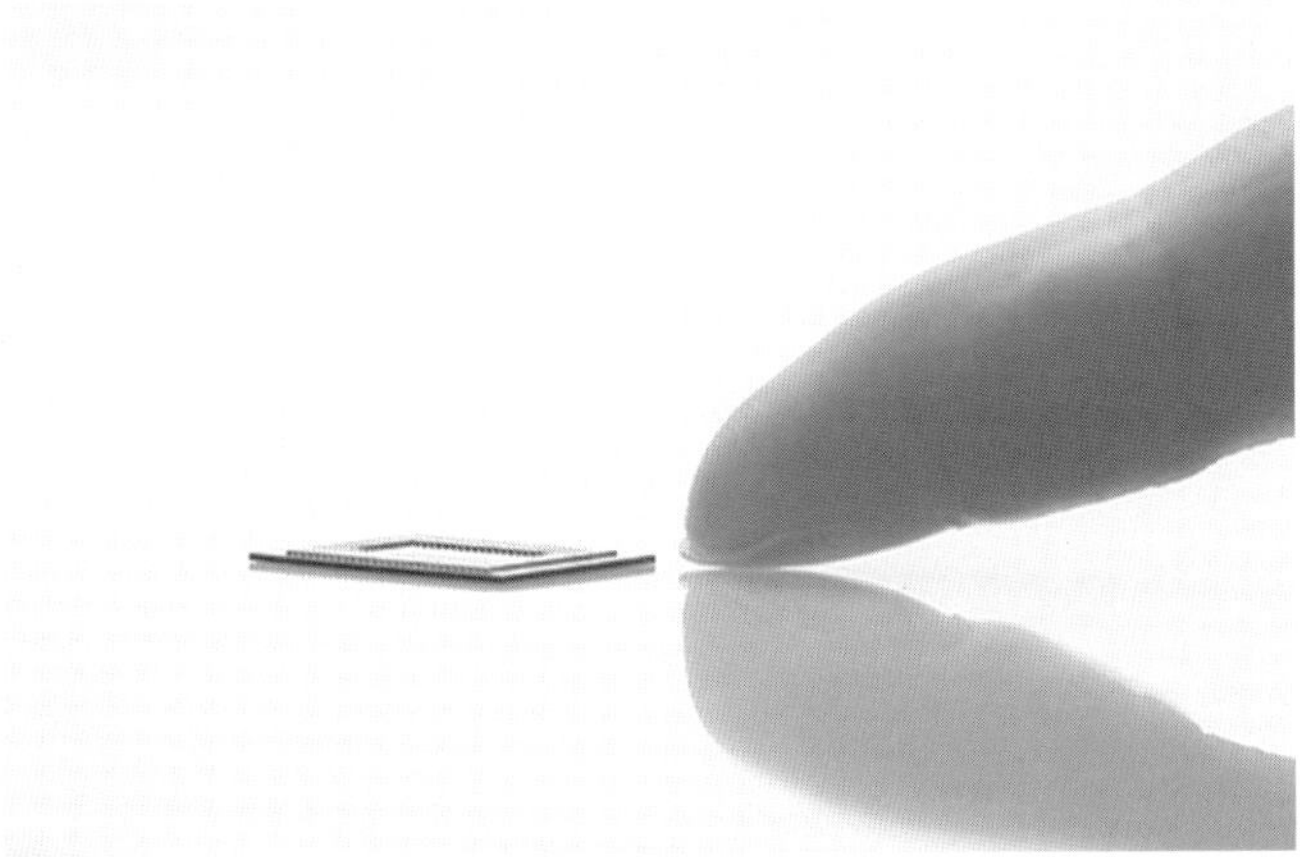

3.3Dパッケージの構造

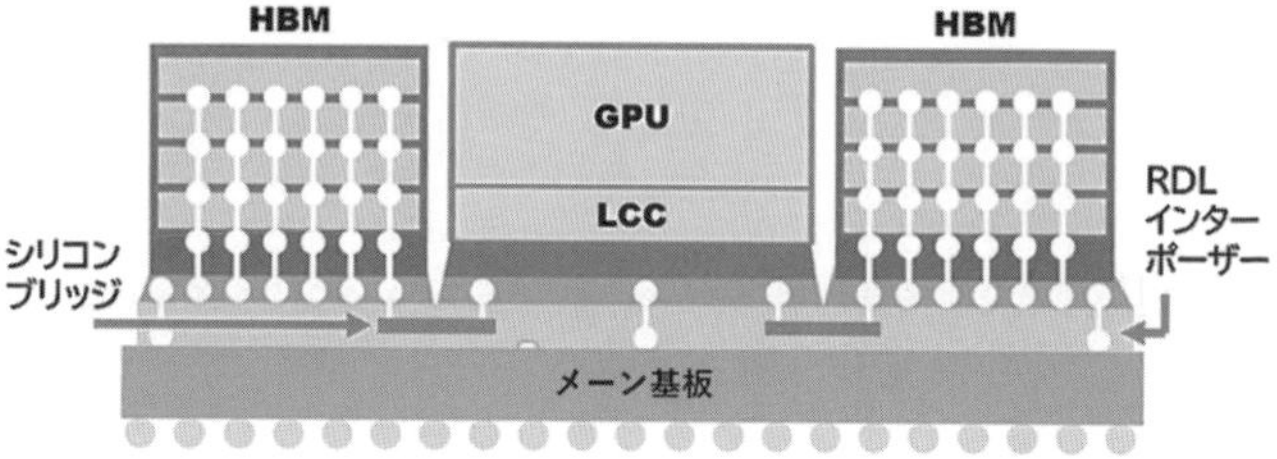

（出典：サムスン電子）

済発展を進める過程における産物といえる韓国財閥。李秉喆（イ・ビョンチョル）氏をはじめ、財閥創業者の多くは日本に留学して近代化した日本を強く体験し、その経験を祖国の富国化につなげた。一方、国家主導の経済発展は、政府と経済の癒着を引き起こした。その癒着を拒否したオーナーのなかには財閥解体という結末を迎えた者もいるが、技術開発や海外輸出によってグローバル企業に飛躍した財閥もある。１９６０年代から現在まで財閥の金銭を搾取してきた政権はすべて去った。しかし、植民地支配賠償金やＯＤＡなどのシードマネーで韓国財閥が形成されてから60年以上が経った今、韓国の大卒初任給やビッグマック指数（ＢＭＩ、各国の経済力を測るための数値）はすでに日本を凌駕し、２０２４年末には１人あたりのＧＤＰも日本を追い越すのが確実視されている。このように日本より豊かな国になった背景として、韓国財閥の功績が大きかったことは否めない事実であり、その勢いはいまなお堅調かつ力強く羽ばたいている。

執 筆 者 略 歴

嚴　在漢（オム ジェハン）
産業タイムズ社ソウル支局長

1964年韓国慶尚南道山清郡生まれ、1988年韓国外国語大学校中国語科卒、1993年東京国際大学校大学院国際関係学研究科修士号取得、1993～95年アジア経済研究所研究員、1995年産業タイムズ社に入社、修習記者、1997年産業タイムズ社ソウル特派員兼中国担当、2006年から現職、2015～16年ソウル外信記者クラブ（SFCC）会長歴任、主な著書に『韓国先端産業最前線2021』（産業タイムズ社）などがある

韓国財閥の功罪

2024年（令和6年）11月29日印刷　　定価**4,180**円（税込）
2024年（令和6年）12月6日発行

著　者　嚴　在漢

発行所　**株式会社産業タイムズ社**　https://www.sangyo-times.jp/

本　社　〒101-0032　東京都千代田区岩本町1-10-5 TMMビル3階
TEL.03-5835-5891　Fax.03-5835-5491

大阪支局　〒530-0001　大阪市北区梅田1-1-3　大阪駅前第3ビル26階
TEL.06-7222-8055　Fax.06-7222-8056

ISBN978-4-88353-385-5